金盘内参之

千亿密档

顶级楼盘示范区研发、设计、选材解密档案

TOP SECRET OF
PROPERTIES FOR SALE

金盘地产传媒有限公司 策划
唐艺设计文化传播有限公司 编著

上

U0221716

中国林业出版社
China Forestry Publishing House

金盘 KINPAN.com 中国领先的房地产开发平台

金盘内参 ▶▶

TOP SECRET OF PROPERTY RESEARCH

金盘开发平台内部研发参考资料

http://www.kinpan.com/Research

地产研发核武器

金盘内参 -- 建筑　　　　金盘内参 -- 景观　　　　金盘内参 -- 室内　　　　金盘内参 -- 地产

密 档
Secret files

热 点
Hotspot

系 统
System

金盘，以"让居住更美好"作为使命，遵循"创新、品质、人居、价值"四大价值观，在未来5年发展成为中国乃至全球领先的房地产开发平台。

金盘简介
Kinpan Information

金盘平台涵盖金盘网、金盘奖、金盘周、金盘联、金盘学院、金盘参谋六大板块，旨在利用互联网技术重新整合优质的地产开发资源，重塑开发、土地、设计、工程、材料、金融、购房者之间的关系，创建全新的地产开发模式，为人们营造更美好的居住生活。

金盘内参简介
Kinpan Research Information

任何行业对有用的信息资讯都是极度苛求的，地产行业当然也不例外。对于地产研发、设计人员而言，关注行业动态、了解时下研发设计热点、学习优秀设计等是他们的必修课，互联网给他们提供了搜索、获取这些信息的便利，但同时，网上铺天盖地的信息也加大了他们摘取有用信息的难度，有时甚至花费大量时间、精力也未找到自己想要的结果。再者，网上的信息五花八门，缺乏系统性的整理，有些甚至在分享、转载的过程中出现错误、内容消减等情况，从而给了读者错误、失真的资料、信息。此外，网上的研发、设计档案往往不够全面，或者说普遍没有干货，得不到太多有用的东西。为此，我们推出"金盘内参"，旨在为相关行业人员提供有用的、系统的、清晰的、全面的优质研发、设计档案。

金盘内参包括四方面的内容，分别为：建筑、景观、室内以及地产综合。每个类别我们都提供内部研究专题档案和参考图书两类服务。内部研究专题档案是我们结合时下地产热点，精选一线开发商、知名设计师的作品，整合成热门专题，涉及建筑设计、景观设计、空间设计、地产研发等多方面的内容。参考图书则作为金盘内参的目录册使用，我们从中精选部分项目，为读者提供这些项目未公开的内部研究档案，让读者更深入、更全面地了解项目的研发与设计，从而带来新的视觉和灵感。

金盘内参采用年费消费的模式服务于广大设计师
其收费标准依据顾客选择的版本有所不同

建筑内参
5800 元 / 年

内部研究专题档案
▶ 网红项目研发档案
▶ 特色小镇研发档案
▶ 豪宅户型档案
▶ 创新立面研究
▶ 改善型楼盘主力户型
▶ 城市更新开发档案
▶ 第十三届金盘奖获奖项目档案
······（精彩待续）

景观内参
5800 元 / 年

内部研究专题档案
▶ Top 系列顶级示范区景观档案
▶ 改善型楼盘大区景观档案
▶ 刚需型楼盘大区景观档案
▶ 顶级豪宅大区景观档案
▶ 第十三届金盘奖获奖项目档案
▶ 城市更新景观档案
······（精彩待续）

室内内参
3800 元 / 年

内部研究专题档案
▶ 顶级示范区售楼处分析报告
▶ 精装修交楼标准报告
▶ 自持公寓装修标准档案
▶ 商业综合体空间装修档案
▶ 顶级酒店空间档案
▶ 第十三届金盘奖获奖空间档案
▶ 顶级示范区软装空间档案
······（精彩待续）

地产内参
13800 元 / 年

内部研究专题档案
囊括建筑会员、景观会员、室内会员
的所有专题，并增加以下地产专题。

▶ 地产 100 强 Top 系列产品分析报告
▶ 万科翡翠系研究报告
▶ 龙湖原著系研究报告
▶ 万科、金地自持公寓研发档案
▶ 第十三届金盘奖项目档案
······（精彩待续）

金盘内参 -- 建筑

金盘内参 -- 景观

金盘内参 -- 室内

金盘内参 -- 地产

以上所有服务，您只需通过扫描二维码，选择您需要的内容，付费注册成为会员，
即可轻松享有。同时，会员还将获赠由金盘平台提供的同等价值的专业图书。

示例 Examples ▶▶

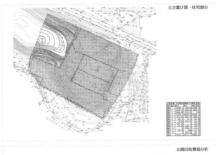
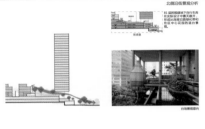
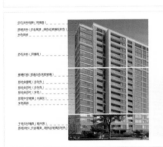

广州华润天合

北京绿地海珀云翡

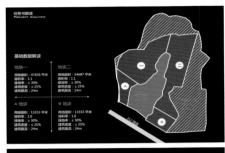

南京新城源山

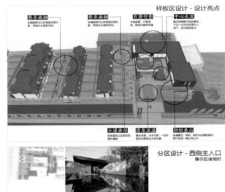

青浦水悦堂展示中心

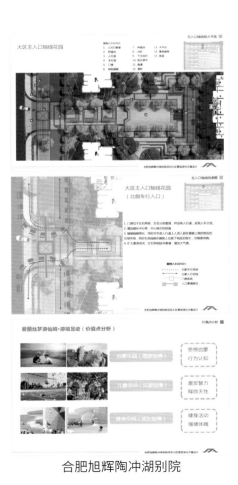

合肥旭辉陶冲湖别院

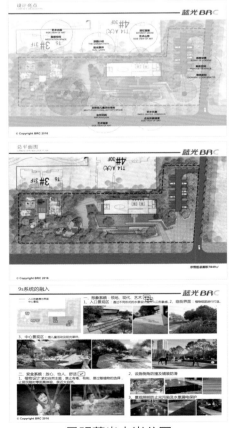

昆明蓝光水岸公园

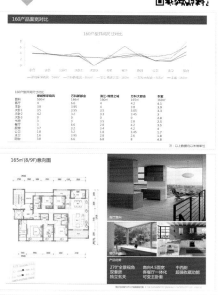

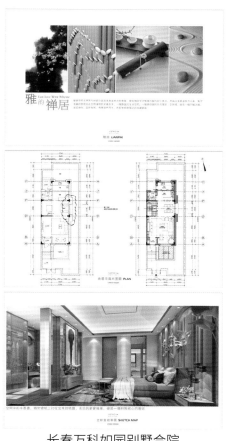

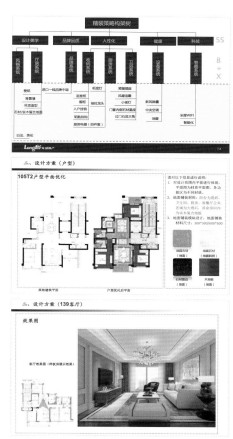

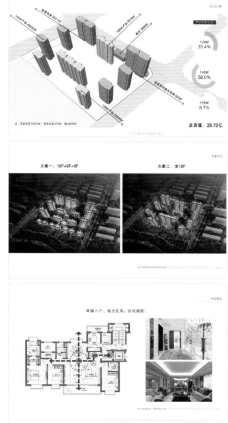

杭州景瑞天赋　　　　长春万科如园别墅合院　　　　杭州龙湖天璞

重庆中交中央公园　　　　杭州保利大国璟大区　　　　杭州景瑞天赋

千亿房企锻造秘籍

据中国指数研究院数据统计，2017 年，中国房企百亿军团扩容至 144 家，16 家房企迈入"千亿俱乐部"。曾经，千亿规模令房企望尘莫及，而未来，1000 亿将是房企的规模分水岭。

每一家千亿房企的跃进史均是一部"突围档案"，他们以良好的管理机制、精良的产品、科学的城市布局、严格的风控等在行业中持续飞奔，铸就江湖神话。那么，如何实现高成长？千亿房企"跃进"的秘诀又是什么？

秘诀一：拿地有道——快速发展必先固其"根"本

2017 年，房企在规模化竞赛中加速奔跑，各家土储也按下"快进键"，碧桂园、万科、保利、恒大、中海、融创拿地金额突出，成为 top6 拿地大户。从拿地金额来看，无论是千亿房企还是 500~1000 亿房企拿地金额占销售额比重均超 35% 以上。从城市排行榜来看，京津冀、长三角以及珠三角内一、二线城市仍为房企拿地重心。值得关注的是，2017 年房企积极关注重点城市的收并购机会，阳光城以较低成本获取优质土地资源，为规模扩张奠定基础，其中融创等收并购规模名列前茅。

秘诀二：聚焦高能级城市群，推进全国化布局——抢滩市场、对冲风险，进阶必修课

在房地产企业的百强榜上，TOP10 企业早已完成高密度的城市布点，几乎所有房企都试图通过各种路径深耕全国化布局。

2017 年，碧桂园不仅总拿地金额为全国首位，在布局方面也是以一二三四五线全线布局，力度远超恒大、万科。基于三四线丰厚的土储，三四线城市的贡献率达一半以上，碧桂园成为一线城市限购信贷间接受益者、三四线城市势头强劲的直接受益者。

融创自 2016 年后加快全国化扩张，广深、海南、华中等区域先后以收并购或招拍挂拿地进入，尤其在收购万达文旅系列项目后，进一步强化了一二线城市的市场占有率。

保利地产坚持以北、上、广等国家中心城市为核心的城市群区域布局策略，深耕珠三角、长三角和京津冀城市群，重点获取城市群内一二线城市优质资源，同时紧跟国家经济战略走向，逐步延伸至中部、西部、海峡西岸等国家重点发展区域，全国化城市布局持续升级。

秘诀三：多元拓展——资源整合，寻找下一个风口

除了在住宅领域积淀多年的综合实力之外，千亿房企在资源储备、业务拓展、变革转型方面也富有先发优势，为未来的可持续发展奠定了坚实的基础。

2017 年是恒大完成由"房地产业"向"房地产＋服务业"转型的起始点，经历了八年探索和试错，恒大对多元产业的发展思路已经明确，即以民生地产为基础，锁定健康、文化旅游、金融三大服务领域，形成"房地产＋服务业"产业格局，不再进入新的领域。

在万科"万亿大万科"计划里，万科已经计划将旗下创新业务各自打包独立为新公司，计划进行内部评测与选拔，让表现相对成熟的创新业务去吞并表现平平的业务。同时，新业务也在构想上市梦，万科物流地产、物业服务、商业集团、教育集团、养老地产现在都在未来计划的上市名单中。

华夏幸福独特的产业新城模式，使其最大程度上把握了国内这一轮的城市化、产业化发展红利。通过承接核心城市的产业及人口转移，华夏幸福实现了大规模的快速提升，犹如一匹新兴的黑马，开始狂飙突进。

绿城在"一体四翼"架构基础上，把"生活服务"放在了企业的重要战略位置，形成以绿城中国为主体，绿城房产、绿城管理、绿城资产、绿城小镇、绿城生活五大业务板块综合发展的"一体五翼"新格局，从"创造城市的美丽"延伸至"创造生活的美好"，助力绿城中国转型成为"理想生活综合服务商"第一品牌。

中海以中高端住宅业务为重点，多元化发展，中海地产拥有"中海系"甲级写字楼、"环宇城"购物中心、星级酒店三大产品线，遵循"统一业权、持有运营"的经营原则实施品牌化管理。

秘诀四：拓展中高端市场，创造"美好生活"

2017 年，全国各地房地产市场都呈现出一个共同趋势，即从"物质文化需要"到"美好生活需要"的改变，城市居民对房屋的要求从"居住"变成"生活"。标杆企业均从创造"美好生活"为切入点，契合大势及时升级产品和服务，从而取得理想业绩和实现较快增长。

比如，碧桂园定位主流刚改，热销产品中刚需及改善型户型共占接近 80%，90~140 m² 改善型项目成为占比最多产品，业绩贡献 63.5%。新城形成"启航""乐居""圆梦""尊享"四大系列，满足城市居民差异需求，热销住宅项目多数为中大户型产品，适合首次或升级改善型家庭。超过 20 亿元的热销住宅项目中，90~140 m² 面积段的销售额占比最高，贡献业绩 56.17%。龙湖

注重改善型住宅产品打造，热销项目中，90~140 m² 改善型项目占比近 56%。

融创实施高端精品战略，注重为财富人群提供差异化产品、尊贵性服务。热销项目中，改善性住房及高端精品占比高达 90%，140~200 m² 高端住宅项目贡献高达 40.36%；泰禾"高端精品＋品牌 IP"占领细分市场，北京丽春湖院子以 55.3 亿的网签额成为 2017 年度中国别墅市场、北京别墅市场和北京商品住宅市场"三冠王"。龙湖别墅项目年内获得不俗成绩，在重庆主城区别墅成交金额排名第一，在北京的三个别墅项目分别包揽所在片区别墅销冠，在沈阳别墅项目为其贡献业绩超 20%。

秘诀五：专注打造拳头产品，构建企业发展"护城河"

据统计，中国百强房企中 92% 的企业都在推行产品线系列化和产品标准化开发，每个企业平均有 3.7 条产品线。对此，业内人士分析，在行业发展日趋集中、土地成本日益高企的当下，产品力成为拱卫房地产开发企业快速发展的"护城河"。作为千亿房企，更是要有过硬的"拳头"，才能凌厉出击，战胜对手。诸如恒大养生谷、童世界系列，万科翡翠系，绿地海珀系，保利天悦系，金地风华系，绿城桃花源系……鉴于版面有限，下面举例说明其中三种"拳头"产品。

恒大养生谷创建了"全方位全龄化健康养生新生活、高精准多维度健康管理新模式、高品质多层次健康养老新方式、全周期高保障健康保险新体系、租购旅多方式健康会员新机制"，将打造成为国内规模最大、档次最高、世界一流的养生养老胜地。

金地风华系列开创了房地产界首个 CHINACHIC 建筑元年，以更时尚的东方美学，更文化的舒居体验，更熟悉的风土人情引领中国风尚。金地在宁波、杭州、南京、苏州、沈阳连续推出了"风华大境""风华东方""西溪风华""大运河府""九韵风华"等"风华"系列产品，风靡市场。

新城着力打造的"吾悦广场"凭借商业综合体中的配套住宅及可售小商铺，在 2017 年创造了约占新城控股整体销售额 30% 的销售收入。更重要的是，通过对自持大商业部分的良好运营，"吾悦"品牌效应逐渐发挥，为新城控股获取优质项目、挖掘土地潜能、控制拿地成本提供助力，并可以通过资产证券化来盘活存量资源、降低资金沉淀，实现有质量的稳健增长。

千亿房企的打造离不开以上 5 个秘诀，但秘诀在手，不同开发商又有各自不同的理解。在这里，我们挑选几家有代表性的房企，从其拿地、布局、产品、品牌或运营等几方面策略进行分析。

目录 CONTENS HIGH-IN STYLES

高端系列

千亿房企分析报告

SUNAC 融创中国
SUNAC INVESTMENT INC.

2017 年，融创一鸣惊人，业绩大爆发，销售金额达 3620 亿元，同比增速高达 140%，销售排名从 2016 年末的第 7 名一举跃升至第 4 名。时光回到 2012 年，融创刚从区域房企转型成全国化的房企，当年的销售金额仅 315.6 亿元，5 年的时间销售金额增长 10 倍有余。

在融创业绩疯狂增长的背后，是融创战略决策在支撑。在专业人士看来，融创最为关键的优势是将"有限"的资源高效配置在关键的城市，其定位为专注在有"购买力"的城市发展精品项目的战略发挥了优势。简而言之，其成功主要是两个因素：一、公司推动的精品住宅战略，产品定位较为高端；二、项目地段较多位于一线城市的成熟区域，区位优势显著。

区域战略：聚焦核心区域市场

一直以来，融创中国坚持聚焦深耕战略。由于房地产市场有很强的地域性，每个城市的经济、文化等条件不同，进入对应城市的风险也不同。因此，融创中国的城市布局策略有着非常清晰的原则：一线城市、强二线城市以及环一线城市，其区域战略烙印鲜明，业务主要集中于经济活力较强、汇聚能力较强的城市。这样的布局策略一方面能对冲宏观调控的风险，另一方面强化了业务管理能力。

十多年来，融创中国形成了北京、华北、上海、西南、东南、华中、广深和海南八大区域的全国化布局，进一步完善全国优势布局。融创每进入一个城市都会做深耕，由于对所在城市的深入了解，融创的拿地能力以及项目定位、项目整体运营、营销管理都具备丰富的操作经验，在所进入城市拥有较大的市场影响力和品牌竞争力。

产品战略：倾力打造高端精品住宅

融创自 2003 年成立开始，一直坚持"高端精品"的发展战略，致力于在有竞争力的地段建设有竞争力的楼盘。经过十多年的发展，已经拥有打造高端精品的专业能力及体系，交付了诸多广受赞誉的经典项目，使得公司高端精品缔造者的品牌形象深入人心。"壹号院""桃花源""府系"等标杆产品在全国多个核心城市实现落地，融创所到之处无不是城市高端生活的引领者。

值得一提的是，融创一直坚持具有独特竞争力的定位理念，拒绝同质化。对于每一块土地，融创都尊重其独特属性与价值，根据所在城市的特色，建造能够满足中高端收入居民"终极居所"的高端精品，并寻找最适合的客户，为其定制产品与服务。

长远来看，融创中国在产品定位、产品打造和营销方面的突出能力，为其品牌的塑造以及永续健康的公司运营提供了坚实的基础。

品牌战略：品质与服务并举，持续提升品牌价值

为进一步巩固公司在高端住宅开发及生活营造领域的持续领先能力，融创中国提出"臻生活"高端生活价值体系，从定位体系、品质营造、业主共建、社区文化、服务体系和专属定制六大板块入手，坚持开展"健走未来"、"果壳计划"、"邻里计划"、"我心公益"四大业主品牌活动，通过倡导健康生活、关怀儿童健康成长、促进邻里关系以及提倡关爱弱势群体等方面，贯穿全产品周期和全生活周期，营造专属与融创业主的高端精品社区生活。融创中国在为客户营造更高品质的产品和服务的同时不断扩大品牌影响力，企业品牌价值持续提升，实现了企业的长远发展。

发展战略：稳健与增速并重

除了常规的区域战略和产品战略等因素外，融创中国注重管理层的风险管控能力和风险防范意识，从而在调控已成为常态化的中国房地产市场中，走出属于自己节奏的稳健增长之路。

毋庸置疑，考量中国房地产企业风险把控能力的重要一个方面，就是通过对政策的解读、踏准拿地、销售的节奏。而融创正是精于此道，善于把握宏观调控的时间获取优质土地，从而使土地储备实现逆周期扩张，在将扩张风险降到最低的同时，把企业的规模体量带到一个新的层面。

融创中国在追求利润的同时，也非常注重杠杆率和现金流的管理，管理层从以下 3 个方面严格控制现金流：注重销售回款、严控未付土地款以及严重控制负债率。现金管理中销售回款最重要，融创非常注重制定合理的销售目标，并坚决确保销售目标的完成；管理层力求消除未付土地款对公司资本结构带来的隐性压力，因此在每块新土地获取之前，都要求制定完整的现金流解决方案。除此之外，融创中国严格控制负债率，强劲的销售更使得融创的财务状况在同等规模的中国房企中处于安全无忧的位置。

龙湖从刚起步、小规模的时候就确立了清晰的价值观和长远规划，早期并不急于扩张，而是耐心十足地深耕重庆，形成了一套完整成熟的产品、管理、人才、文化和营销体系，然后才开始进入其他城市，可以说一"下山"就是高手。在各个城市，龙湖集中于中高端市场的开发，在每一个进入的城市抢占市场份额，提高品牌知名度，立志成为企业领头羊。2017，龙湖地产全年合同销售额1560.8亿元人民币，顺利跻身千亿俱乐部，经营规模和综合实力居中国房地产行业前列。

龙湖业绩的爆发，主要在于其精细化的高端产品开发能力在当时风靡全国，区域聚焦策略把握住了环渤海、长三角、中西部区域的重点城市，这些高产能城市让龙湖把握住了快速城市化时期市场旺盛的改善型需求。

布局战略：立足重庆，布局全国，聚焦高潜力城市群

龙湖自创建以来，就开始了立足重庆，以中心城市包围区域板块的全国性布局，从北向南、从沿海经济圈中心辐射周边城市群。2017年，龙湖秉承态度积极、决策审慎的投资风格，同时顺应物理距离迅速缩短的都市圈、城市群发展逻辑，积极部署，以合理价格成功新增76幅土地，拓展7个新城市，既覆盖深圳、香港等一线重镇，亦拓展至合肥、保定、福州、嘉兴、珠海这类环都市圈主力城市。

目前，龙湖地产覆盖城市增至33个，全国化布局进一步拓展。同时，应集团"扩纵深，近城区，控规模"的核心战略，项目获取的区位既聚焦一二线城市，也围绕都市圈内城市群适度下沉布局，单项目的开发规模也控制在适当水平，为提升集团可售物业的周转水平奠定良好基础。

区域聚焦战略上，龙湖采取单一城市占比优于区域规模增长的策略。具体而言，第一，运用业态与区域的双重平衡实现持续稳步发展，分散产品结构不均衡和区域周期不均衡带来的风险；第二，在少于竞争对手城市布点的情况下运用多业态布局实现领先业务规模；第三，在城市领先与新城市进入产生冲突时，城市领先优于新城市新入。

产品战略：四大主航道业务并进，把握空间与人的生意全域

目前，龙湖地产已形成住宅开发销售为核心，商业运营、长租公寓及物业服务四大主航道业务并进的多维布局，并根据市场需求调整不同产品和业态间的比例，既依托现有运营优势，也兼顾细分领域的演进，努力把握空间与人的生意全域。

住宅方面，龙湖以高端住宅为主，致力于别墅市场和改善型市场的开发。其别墅高端系"原著系"，擅长在贵仕地脉上打造城市藏品，其城市高层高端系"天璞系"，精于在繁华城市打造时代品质人居。2017年，围绕高端和改善客户，龙湖在住宅开发上全面提速和创新，一方面满足高净值人群的居住需求，一方面也保证了企业利润。

商业作为龙湖的重点业务，主要有三大品牌，从社区到城市，构筑综合性全家庭生活平台。三大品牌分别为：社区生活配套型购物中心品牌"星悦荟"、中高端家居生活购物中心品牌"家悦荟"、针对中等收入家庭的区域购物中心品牌"天街"。未来5年，龙湖将在重庆有两大天街扩容、3大天街新建和3个定位不同的商业体面市。

未来，龙湖还将全力以赴发展长租公寓"冠寓"作为战略性业务，并聚焦在北上广深、重庆、成都等12座一线及领先二线城市，进一步提升龙湖的整体商业竞争力和收入水平。

品牌战略：口碑物业，五重景观

龙湖一向以"品质"著称，其物业和景观都被誉为业界良心。

一直以来，龙湖物业都是龙湖地产广受追捧的"秘密武器"之一，在业内外有口皆碑。龙湖物业是国内第一家公开发布管理和服务标准的物业企业，被誉为"中国物业管理第一品牌"，其完美诠释了"善待你一生"的理念，为"龙民们"营造出了专属的"龙湖式幸福"。

龙湖园林也是独步地产界，作为景观里的奢侈品，在业界已经成为一种含金量极高的名片。其独创的"五重景观"体系更是地产行业内景观设计的一个经典样本，被争相模仿。

此外，龙湖开发的每个项目都有独特的设计构思和产品设计，并长期坚持与国际设计大师合作，力求体现人性化、艺术化的规划设计。

Tahoe 泰禾

2017 年底，中国指数研究院发布的《2017 年中国房地产销售额百亿企业排行榜》显示，泰禾集团以全年 1010 亿的销售额位列榜单第 15 位，成为杀入千亿军团的一匹"黑马"。基于对政策的准确理解和判断，做出前瞻性的战略布局并坚定执行，是泰禾近几年实现快速发展的基础。凭借前瞻布局、特色定位以及产品高附加值，泰禾始终稳扎稳打、持续发力。

拿地战略：前瞻布局，逆势而动

2013 年，房地产市场急转直下，大多数房企或坐等观望，或转战地价便宜的三四线城市，泰禾却一反常态，选择此时在北京、上海等一线城市大举拿地。2013 年之后，当房企重新转回对一线城市的关注时，泰禾已经完成了初步布局。因为土地成本较低，在此后的几年，即便在政策限制之下，泰禾也能"无压力"随时快速出货。面对日益飙升的一线城市地价，泰禾再次逆势而动，抽身招拍挂市场，转投增长期的二线城市以及一线城市的存量市场。前瞻性的布局让泰禾拥有充足的低成本存货，一直闻名业界的高周转和精品战略，助力了这些存货变现的速度。

从 2016 年开始，泰禾集团基本不参加公开市场的招拍挂了，90% 都是通过合作并购。收并购拿地，不但大大降低泰禾集团的负债率，也加速了泰禾集团的战略扩张，使其在千亿时代的规模上持续发力，为未来业绩及利润收益的进一步提升打下坚实的基础。

布局战略：扎根福建本土，深耕一线城市

在总体布局上，泰禾秉持"扎根福建本土，深耕一线城市"的布局战略，众多高端精品项目分别位于以北京为中心的京津冀，以上海为中心的长三角，以广深为中心的珠三角，福建的福州、厦门、泉州，以及济南、太原、南昌、合肥、武汉、郑州等省会和经济发达地区，契合"京津冀协同发展""一带一路""自贸区"等国家重大战略。

其中，泰禾在坚守三大城市群——以北京为中心的京津冀城市群、以上海为中心的长三角城市群以及以深广为核心的珠三角城市群的投资占整体投资的 70%，这是最安全的城市布局，从后续增长来看也是最集约化的布局。

品牌战略：多品系同发力，打造企业超级 IP

泰禾集团秉承"文化筑居中国"的品牌理念，用十年时间潜心钻研中式古典建筑，传承院居人文底蕴，打磨出高端产品线"院子系"产品，将新中式风格和精工品质深刻烙印于市场，形成无可复制、不可超越的超级 IP。如今，"谈中式建筑必谈泰禾"已成为行业共识。

正是由于品牌和品质所带来的溢价效应，为泰禾的项目形成了价格支撑。差异化产品策略在加码泰禾品牌 IP 的同时，更使得其项目拥有强大的市场号召力。目前，"院子系"已经布局"十七城三十四院"，声誉远播国内外。其中，泰禾·中国院子四次上榜"亚洲十大超级豪宅"；泰禾·北京院子多次成为"北京别墅销冠"；北科建泰禾·丽春湖院子作为泰禾品牌输出项目，曾连续 10 个月位居"中国别墅市场销冠"。

在"院子系"全国全面布局的同时，泰禾产品系列迅速裂变、全面开花，精心研磨打造了大院系、府系、园系等多条成熟产品线。今年，泰禾还进行了专利发布，品质优势凸显。

拓展战略："泰禾 +"加速多元化布局，整合资源

"泰禾 +"是泰禾为全面提升城市生活品质、业主权益及服务体验而推出的一项全新战略，意在让泰禾业主在充分享受高端居住的同时，一站式解决业主的医疗、教育、购物、社交、文化等全方位生活需求。它整合泰禾自身优质配套资源，是泰禾多元化布局的产物，同时也推进了多元化布局的速度。

"泰禾 +"战略首先在北京泰禾昌平拾景园项目落地，泰禾教育、商业、文化、医疗等配套将全部以"泰禾自持"的方式提供一站式服务。商业方面，泰禾在北京的首个大型高端城市综合体项目——泰禾广场将落地昌平拾景园，涵盖高端商务办公、购物中心、精品超市、泰禾影城、餐饮娱乐等多种业态。医疗方面，泰禾医疗打造包括旗舰综合医院、专科医院、健康管理中心及互联网医疗等在内的完善的医疗体系，并通过与国内外领先的医学资源合作，带来先进的诊疗服务。文化方面，泰禾以"院线 + 剧场"为突破口，推动泰禾文化产业链的延伸与多元化发展。

旭辉集团

旭辉以"长跑者"的稳健姿态著称，近年来保持年均逾 40% 的复合增长率，特别是 2012 年上市以来，保持着快速、稳健、均衡的发展，成为中国房企的"优等生"。2017 年，旭辉一鼓作气兑现"冲击千亿"的承诺，荣耀跻身千亿房企俱乐部，为二五战略元年画下完美的句点。

"二五战略"：一体两翼，做大做强

"二五战略"从企业整体战略角度可阐释为"一体两翼"，其中"一体"是"主航道战略"，"两翼"是"房地产 +"战略和"地产金融化"战略。

未来五年，旭辉一方面要聚焦资源，坚持专业化道路，做强做大房地产主业；另一方面要充分利用主业的资源、平台和优势，在产业链中拓展独立的相关多元化业务，力争向房地产行业投资、开发、运营服务环节纵向延伸，寻找业务增长点和价值实现点，开启宏大的"房地产 +"战略，将触角伸向商业管理、物业与社区服务、教育、公寓租赁、EPC（住宅产业化）和工程建设"六小龙"，并逐步向独立化、市场化、资本化转变，以"两翼"支持主业做大做强。

投资经营策略：踏准节奏，稳健均衡，合作共赢

旭辉在投资经营上一贯坚持踏准节奏，充分把握拿地"窗口期"，在市场低谷的时候多拿地，在市场高峰的时候少拿地。旭辉投资坚持三大原则：一是纪律，二是节制，三是理性，对关注的城市进行 100% 的土地探勘，积极参拍同时谨慎评估、理性出价"量入为出、量力而行"，力求做到"不拿错地，不拿贵地"。同时，旭辉坚持开放的合作战略，除分散风险和资金压力外，力求实现"1+1>2"的优势互补、合作共赢。

此外，旭辉始终秉持"稳健、均衡"的经营理念，不单纯追求速度和规模的增长，而是追求"利润优先"，以平衡"量价利"的策略来实现更低的负债率、更好的盈利能力、更高的产品品质和服务。

布局策略：审慎布局，夯实全国化战略版图

一直以来，旭辉立足上海大本营，坚持"区域聚焦，深耕中国一二线城市"的战略布局，目前已形成华东、华北、华南及华中四大区域全国化布局，进入及深耕 31 个城市，目标瞄准每个城市的 TOP10。

2017 年上半年，除了进一步巩固华东和华北布局，旭辉在华中和华南地区也动作频频，不仅以参拍、合作等多种形式在重庆、成都、郑州等华中地区发力，还以"行者旭辉"的形象正式亮相华南，并以全新的粤港大湾区战略与原有的珠三角布局两相呼应，夯实旭辉在华南的战略版图。

未来五年，旭辉不仅关注利润，也要兼顾规模，力争在 2020 年之前进入行业 TOP8，进一步完善全国化布局，从目前的 31 个大中城市扩展到 70 个大中城市，实现持续、稳健、有质量的快速增长的"二五计划目标"同时完成全国化战略纵深布局，成为真正意义上的全国化品牌房企。

产品策略：强化刚需，拓展高端

在产品方面，旭辉实行"721 产品战略"，即 70% 为住宅，20% 是销售型商办，其余为 10% 是其他创新类产品。2014 年以来，旭辉洞悉市场需求的变化，将刚需与改善型产品比重由之前的 8：2 逐步调整至 5：5，发力中高端改善型市场，以更高品质的产品提升核心竞争力。

2015 年起，旭辉推出自身高端产品线"铂悦系"。"铂悦系"产品主张"演绎现代经典、回归生活本源、追求价值延续"，旨在为城市精英人群提供高品质、高品位的生活方式。近年来，旭辉相继推出了苏州铂悦府、苏州铂悦犀湖、上海铂悦滨江、上海铂悦西郊、南京铂悦金陵、南京铂悦秦淮等 9 个"铂悦系"项目，市场反应相当热烈。

品牌战略：品质生活缔造者，产品风尚引领者

旭辉以成为"品质生活缔造者、产品风尚引领者"为战略目标，梳理了产品管理的三大体系五大标准，并将三好、四化、五全融入到设计人员及产品的 DNA 中，让产品成为其唯一的代言，成为连接客户的媒介。

除了高品质的追求，旭辉尊重每一块土地的价值，对每一个城市、区域、地块进行深入的研究，洞察客户心理，将地脉与人脉深度结合，针对不同区域定位不同产品，实现对每一块土地精工琢磨的承诺，也逐步形成了 T、G、H、L 四个产品系，为不同需求的客户打造更完美的家。

现阶段，旭辉集团回归基本面，专注产品力，践行创新科技、住宅产业化、社区养老、E 办公等产品理念，深化"生活品质家"价值体系，致力于为客户打造"精工品质、用心服务、有温度的社区"。

同时，旭辉在景观打造上也不余遗力，全面彰显产品价值。纵观目前市场上景观风格和形式的同质化日益加剧，旭辉景观把握趋势、创造流行，将景观与客户需求巧妙融合，以景观"4S"标准，建立全龄人居系统，营造更人性化的生活方式。

结语：今天乃至未来房地产，没有一种模式包打天下，没有一种战略永远保鲜！对于房企来说，抬头看天很重要，但也要埋头做好自己的基本功，不断做大做强，唯有如此，才能在市场峰值时代迎来更大的成就。

本书材料分析

石 材

中国黑花岗岩

中国黑花岗岩色黑如墨，做镜面抛光后，光洁度可高达 110 度，光亮照人，故也有"黑镜面"之称。它具有结构致密，抗压性强，防水防磨性能高，耐酸碱、耐气候性好等特点，可以在室外长期使用，多用于室外墙面、地面、柱面装饰等。

金鸡麻花岗石

金鸡麻是原产于巴西的进口石材，颜色金黄，内含颗粒。该石材物理属性较稳定，且质地较硬、没有明显的纹理，大面积使用时比较容易控制质量，加工排版也较易，因此普遍适用于内装、外装的墙和地面。

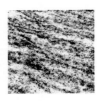

浪淘沙花岗岩

浪淘沙花岗岩富有光泽感，纹理犹如山川般磅礴，装饰于空间，给人气势宏伟之感。作为花岗岩的一员，其具有结构致密、质地坚硬、耐酸碱耐气候性好、容易切割塑造等特点，多用于室外墙面、地面、柱面的装饰等。

黄金麻石材

黄金麻是一种花岗岩，色彩为高贵的金黄色，散布灰麻点，能起到庄重富贵、金碧辉煌的装饰效果。其具有耐腐蚀耐酸碱、硬度密度大、含铁量高、无放射性及研磨延展性好等优点，可做成多种表面效果——抛光、亚光、细磨、火烧、水刀处理和喷沙等。

洞石

洞石因表面有许多孔洞而得名，其学名为凝灰石或石灰华。洞石岩性均一、硬度小、密度小，非常易于开采和运输，是一种用途很广的建筑石材。其色调以米黄居多，并有灰白、米白、金黄、褐色、浅红等多种颜色。丰富的颜色加上独特的纹理，更有特殊的孔洞结构，使洞石具有良好的装饰性能。

黄锈石（黄锈石）

黄锈石属于天然花岗岩的一种，具有色泽高贵、光亮晶莹、质地坚硬、耐酸碱耐气候性好、研磨延展性佳等特质。优质的光面黄锈石被界内认为是外墙干挂的首选石种，火烧面和荔枝面所加工成的地铺石、景观石则是景观设计师喜爱的选择。

卡拉麦里金石材

卡拉麦里金因开采于新疆奇台县卡拉麦里地区而得名。该石材底色为浅黄色，黑色色调匀缀其中，美观而又素雅，是很好的饰面花岗岩资源。作为花岗岩，其具有结构致密、质地坚硬、耐酸碱、耐气候性好等特点，可以在室外长期使用。

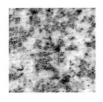

虎皮黄

虎皮黄石材属于花岗岩的一种，因石头颜色像虎皮而得名，具有很好的耐水性、耐磨性以及耐久性、保温隔音性能等。其纹理天成，质感厚重，且富有大自然之色彩，常用作室外景观石、路铺石等，起到自然野趣或庄严雄伟的装饰效果。

犀牛白大理石

犀牛白大理石是一种进口石材，其通体洁白、色泽稳定、花色均匀，给人纯洁高雅的观感。因其颜色洁白，质感温和，犀牛白大理石与各种材质、颜色均能协调搭配，适用于各种外墙干挂、内外装饰、别墅精装、酒店背景墙、楼梯踏步等，具有简约大气的装饰效果。

法国木纹大理石

法国木纹大理石色彩纯净，中间夹杂细腻的木质纹理，将石材的大气与木质的温暖充分展现。它犹如胸襟宽广的男儿，又如温婉如玉的女子，刚柔并济、动静皆宜，在不同的建筑风格中表现出不同的气质，如在中式风格中诠释出宁静致远的意境，在现代风格中又显得简约时尚。

爵士白大理石

爵士白是一种进口大理石，其高度还原天然大理石独一无二的表面肌理和色彩，纹理自然流畅，质地组织细密、坚实，层次感丰富，色泽光洁细腻，不同表面质感可展现多样风格效果，被应用于高端室内空间的墙地面、装饰、构件、台面板、洗手盆、雕刻等。

雅柏灰大理石

雅伯灰大理石以浅灰色为主基调，低调而又彰显大气，其优美的自然纹理错综不一、层次丰富，呈现散淡疏野的自然形象，似一幅灵动的山水墨迹。雅伯灰大理石多用于室内墙面、地面和背景墙等，营造出宁静典雅的空间氛围。

雅安汉白玉

雅安汉白玉因出产于四川雅安而得名。汉白玉实际上就是纯白色的大理石，其通体洁白，内含闪光晶体，华丽如玉，给人一尘不染和庄严肃穆的美感。从中国古代开始，汉白玉就经常被用来制作华贵建筑的石阶和护栏，也多用于雕塑人像、佛像、动植物像等。

维纳斯灰大理石

维纳斯灰大理石是源于土耳其的高端石材，其结构致密，质地细腻，纹路虽不规则但柔和，白色渗入灰底中，灰白两色过渡自然，相渗相容，给人自然和谐的舒适之感。维纳斯灰石材堪称灰色石材中的佼佼者，主要用于各种高档大气的建筑空间。

比萨灰大理石

比萨灰大理石板材为高饰面材料，主要用于建筑装饰等级较高的建筑物。其色泽纯粹自然，冷色系的灰色彰显质朴、宁静，白色花纹坠于其上，犹如点点白雪。比萨灰主要用于高端的室内空间，能达到高贵典雅的装饰效果。

西班牙米黄大理石

西班牙米黄是西班牙最富盛名的天然大理石之一，其底色为米黄色，纹理中夹着少量细微红线，产品有着较好的光度。西班牙米黄大理石温润的质感、柔和的色彩，使其成为优雅空间的最佳搭配，适用各种公共和家居空间，尤其是高端场所。

白金摩卡石材

白金摩卡是一种大理石板材，具有刚性好、硬度高、耐磨性强、温度变形小等优点，其颜色白中偏黄，高贵却不张扬。白金摩卡石材通常作为高档建筑的外立面材料，能够增加建筑立体感，赋予建筑硬朗的形象。

直纹白玉

直纹白玉属于大理石，表面纹理细腻，呈现为浅蓝色与白色条纹相互交织，层次感分明，犹如悠远的海洋。表面质感温润如玉，并且清亮如水，给人一种舒适清亮的自然感。产品多运用于家居的卧室、浴室、阳台与公共空间，如餐厅、会所等工装渠道的整体空间铺贴。

石 材

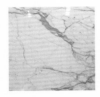

鱼肚白

鱼肚白是意大利开采的一种白色大理石，其通体洁白，带有灰色的纹理，被定位为高档奢贵的大理石品种，能达到高雅清新的装饰效果，广泛运用在高级酒店、高档别墅、商业空间、休闲娱乐场所等。

紫山水石材

紫山水是大理石的一种类型，因其颜色多为紫红色，纹理像山川河流而得名。该石材颜色变化较大，且每块石头的纹路变化都不一样，因此不适合大面积使用，一般都是用来做背景墙、台面或者点缀之用。

葡萄牙米黄石材

葡萄牙米黄是一种进口砂岩，产自葡萄牙，纹路颜色为金黄色，板面小米粒均匀分布。因为具有柔和的色泽、均匀的质地、美观大方、天然环保等特点，其被广泛应用在园林景观、建筑花园、居家装潢等各个装饰领域，常被用于高端场所及空间。

保加利亚沉香米黄

保加利亚沉香米黄，又称莱茵米黄，属于石灰石的一种。其颜色介于白色和米黄色之间，素雅耐看；质感温润细腻，古朴高雅。此外，沉香米黄石材还具有密度高、裂纹少、韧性足等特点，不仅经久耐用，且易仿型造型，是一种极佳的外墙干挂石材。

木 材

柚木

柚木被誉为"万木之王"，经历海水浸蚀和阳光暴晒却不会发生弯曲和开裂，是世界公认的著名珍贵木材。柚木密度及硬度较高，不易磨损，其富含的铁质和油质可以防虫、防蚁、防酸碱，使之能够防潮耐腐、不易变形，且带有一种自然的醇香。此外，柚木具有独特的天然纹理，它的刨光面能通过光合作用氧化成金黄色，且颜色随着时间的推移愈加美丽。

铁椿影木

铁椿影木主要生产于缅甸，其硬度适中，易于加工；木质稳定，不易开裂；纹理美观大方、细腻精致；色调淡雅自然，具有光泽；表面光洁、油漆性好……是一种环保健康的优质木材，适用于木门、地板、家具、室内装修等。

竹木

竹木是竹材与木材的复合再生产物，主要用于住宅、写字楼等场所的地面装修。竹木地板通常采用上好的竹材作为面板和地板，其芯层多为杉木、樟木等木材，一方面它具有竹子自然的颜色、特殊的纹理，另一方面又拥有木材的稳定性能好、结实耐用等特点，能使居室环境更舒爽、更古朴自然。

塑 料

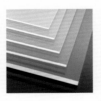

亚克力

亚克力，又叫PMMA、有机玻璃，化学名称为聚甲基丙烯酸甲酯，是一种开发较早的重要可塑性高分子材料，具有较好的透明性、化学稳定性和耐候性、易染色、易加工、外观优美，在建筑业中有着广泛的应用。

玻璃钢

玻璃钢，学名为纤维增强塑料，是一种由树脂、玻璃纤维及其他辅料按照一定的比例复合而成的复合材料。玻璃钢具有很强的柔韧性和强度、质轻而硬，且具有不导电、性能稳定、机械强度高、耐腐蚀等特点，可以代替钢材制造机器零件和汽车、船舶外壳等。

金 属

铝板

铝板是指用纯铝或铝合金材料通过压力加工制成的获得横断面为矩形板材，国际上习惯把厚度在 0.2毫米 -500 毫米之间、宽度在 200 毫米以上、长度在 16 米以内的铝材料称之为铝板材或者铝片材。铝板具有质轻、可塑性强、光泽度好以及耐腐蚀性强等特点，用途十分广泛，可通过喷涂、辊涂、阳极氧化、覆膜、拉丝等多种产品技术制成成品，例如孔铝板、幻彩铝板等。

不锈钢

不锈钢，通俗地来说就是不容易生锈的钢铁，是在普通碳钢的基础上加入一组质量分数大于 12%的合金元素铬，使钢材表面形成一层不溶解于某些介质的氧化薄膜，使其与外界介质隔离而不易发生化学作用，从而保持金属光泽，具有不生锈的特性。不锈钢具有光泽度好、光滑、耐腐蚀、不易损坏等优点，在建筑中被越来越多地使用到，常作为钢构件、室外墙板、屋顶材料、幕墙装饰等。

钛锌板

钛锌板是以锌为主体材料，并在熔融状态下按照一定比例添加铜和钛金属而合成生产的板材。钛锌板拥有独特的色彩和很强的自然生命力，能够很好地应用在多种环境下而不失经典。钛锌板材料的应用已有将近两百年的历史，在欧洲的大城市使用已经非常普遍，在亚洲地区的应用也正在飞速发展，不少建筑都采用其作为屋面材料。

铝合金

铝合金是纯铝加入一些合金元素制成的，比纯铝具有更好的物理力学性能，易加工、耐久性高、适用范围广、装饰效果好、花色丰富。跟普通的碳钢相比，铝合金有更轻及耐腐蚀的性能，是工业中应用最广泛的有色金属结构材料之一。

铝镁锰板

铝镁锰板是一种极具性价比的新型材料，被广泛地运用于住宅、大型商场、高铁站、机场航站楼、会展中心、体育场馆、公共服务建筑等地标性建筑的屋面建设。铝镁锰板使用寿命长、环保美观、安装方便，作为屋面材料，其还具有安全稳固、防雷、防坠落等优势。

铜

纯铜是一种柔软的金属，表面刚切开时为带有金属光泽的红橙色，经氧化后表面形成氧化铜模，外观呈紫红色，故常被称为紫铜。铜拥有良好的延展性、导热性和导电性，因此被广泛应用于电气、轻工、机械制造、建筑工业、国防工业等领域。

镀锌钢板

镀锌钢板即表面镀有一层锌的钢板，镀锌能有效地防治钢材锈蚀，延长其使用寿命。镀锌钢板除了具有耐蚀性外，还具有优良的涂漆性、装饰性以及良好的成形性，因此在建筑、家电、车船、容器制造业、机电业等领域被广泛应用。

混凝土

混凝土

混凝土是由胶凝材料、颗粒状集料、水（必要时加入外加剂和掺合料）按一定比例配制，经均匀搅拌、密实成型、养护硬化而成的一种人工石材。混凝土原料丰富、价格低廉、生产工艺简单，同时还具有抗压强度高、耐久性好、强度等级范围宽等特点，因而在建筑业被广泛应用。

玻 璃

磨砂玻璃

磨砂玻璃又叫毛玻璃、暗玻璃，是用普通平板玻璃经机械喷砂、手工研磨或氢氟酸溶蚀等方法将表面处理成均匀表面制成。由于表面粗糙，使光线产生漫反射，透光而不透视，磨砂玻璃可以使室内光线柔和而不刺目，常用于需要隐蔽的浴室、办公室的门窗及隔断等。

彩釉玻璃

彩釉玻璃是将无机釉料（又称油墨）印刷到玻璃表面，然后经烘干、钢化或热化加工处理，将釉料永久烧结于玻璃表面而得到一种耐磨、耐酸碱的装饰性玻璃产品。这种产品具有很高的功能性和装饰性，有不同的颜色和花纹可供选择，也可以根据客户的需求另行设计花纹。

Low-E 中空玻璃

Low-E 中空玻璃是由两片或多片 Low-E 玻璃以内部填充高效分子筛吸附剂的铝框间隔出一定宽度的空间，边部再用高强度密封胶粘合而成的玻璃制品。其镀膜层具有对可见光高透过及对中远红外线高反射的特性，使其比普通玻璃及传统的建筑用镀膜玻璃具有更优异的隔热效果和良好的透光性。

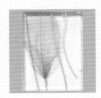

夹绢玻璃

夹绢玻璃也称夹层工艺玻璃，是在两片玻璃间夹入强韧而富热可塑性的多片中级膜、画类、丝类以及定制化图案等而成的，外形美观且极富特色。夹绢玻璃在撞击下不易被贯穿，且破损后其玻璃碎片不易飞散，较普通玻璃更为安全。

彩色玻璃

彩色玻璃广泛应用于建筑立面和室内装饰。市场上宽泛的彩色玻璃制品除去一些贴膜装饰和表面涂装产品外，主要还有两种产品：有色玻璃和彩色夹胶玻璃。有色玻璃是透明玻璃中加入着色剂后呈现不同颜色的玻璃；彩色夹胶玻璃是在两片或多片浮法玻璃中间夹入强韧 PVB 胶膜，并利用高温高压将胶膜融入而成的彩色玻璃。

高透玻璃

高透玻璃又称减反射玻璃、低反射玻璃和防眩光玻璃，是一种将普通玻璃进行单面或双面蒙砂后用抛光工艺处理的特殊玻璃。与普通玻璃相比，高透玻璃具有高透过、低反射的特点。

钢化玻璃

钢化玻璃属于安全玻璃，不易碎，即使破坏其碎片也呈类似蜂窝状的碎小钝角颗粒，不易对人体造成伤害。此外，钢化玻璃的抗冲击性强度和抗弯强度是普通玻璃的 3-5 倍，且具有良好的热稳定性，能承受 150℃的温差变化，对防止热炸裂有明显的效果。

砖 瓦

文化石

文化石分为天然文化石和人造文化石。天然文化石开采于自然界的石材矿床，通过精心砌筑，成为墙体美化装饰；人造文化石采用浮石、陶粒、硅钙等材料经过专业加工精制而成，采用高新技术把天然形成的每种石材的纹理、色泽、质感以人工的方法进行升级再现，效果极富原始、自然、古朴的韵味。

特伦特陶瓦

特伦特陶瓦源自陶瓦制造历史悠久的法国，其经过 1170℃高温烧制，可以百年不褪色，且各项物理化学性能指标均达到欧洲优质陶瓦标准，质量一流，为高档别墅和住宅公寓等建筑优选屋面装饰材料。特伦特陶瓦外形美观独特，色彩丰富，具有极具人文艺术气息的装饰效果。

墙 纸

无纺布墙纸

无纺布墙纸，也叫无纺纸墙纸，是高档墙纸的一种。该产品源于欧洲，从法国流行，是新型环保材质，其采用天然植物纤维无纺工艺制成，具有色彩纯正、触感柔和、吸音透气、绿色环保、防霉防潮等优点，是高档家庭装饰的首选。

纯纸墙纸

纯纸墙纸是一种全部使用纯天然纸浆纤维制成的墙纸，具有无异味、透气性好、吸水吸潮等优点，是一种环保低碳的家装理想材料。跟其他墙纸相比，纸质墙纸更环保，清洗、施工更方便，防裂痕功能更佳，因此日益成为绿色家居装饰的新宠。

丝质墙纸

丝质墙纸选用丝绸为主要材料，采用精湛的手工技艺制作而成，具有隔音保温的优点。这种墙纸手感柔和、舒适，在视觉给人以高雅质感，且因其材质的反光效应而显得十分秀美。由于丝质墙纸价格昂贵，且不易清洁，一般只在较私密的区域使用，如卧室。

刺绣墙纸

刺绣墙纸以高档无纺纸为基材，采用中国传统的刺绣工艺将不同款式、不同颜色的刺绣样式添加到基纸上，形成起伏立体的生动画面。其图案多样、色彩丰富、组织细密，具有很高的艺术价值，是墙纸墙布中的精品。

涂 料

乳胶涂料

乳胶涂料，俗称乳胶漆，是一种水分散性涂料，以合成树脂乳液为基料，填料经过研磨分散后加入各种助剂精制而成。乳胶漆具备易于涂刷、干燥迅速、漆膜耐水、耐擦洗性好等众多优点。作为一种环保用漆，乳胶漆在建筑以及家居行业深受欢迎。

真石漆

真石漆是一种和大理石、花岗石等石材有相似装饰效果的涂料，具有装饰性强、适用面广、水性环保、耐污性好等优点，能够有效防止外界恶劣环境对建筑物的侵蚀，加上其经济实惠，仿真石程度高，市场需求很大。

金属漆

金属漆是指在漆基中加油细微金属粒子的一种双分子常温固化涂料，由氟树脂、优质颜色填料、助剂、固化剂等组成，具有金属观感的装饰效果，适用于建筑的内外包装及幕墙、GRC 板、门窗、混凝土及水泥等基层上。

砖 瓦

红砖

红砖是以粘土、页岩、煤矸石等为原料，经粉碎、混合后以人工或机械压制成型，干燥后再以氧化焰烧制而成的烧结型砖块。其色泽红艳，既有一定的强度和耐久性，又因其多孔而具有一定的保温绝热、隔音等优点，适用于作墙体材料，也可用于砌筑柱、拱、烟囱等。

青砖

青砖的制作工艺与红砖的差不多，只不过与红砖在烧制完后采用自然冷却的方法不同，其采用水冷却，青砖强度、硬度以及装饰效果和红砖不相上下，除了颜色上有所区别外，青砖在抗氧化、水化、大气侵蚀等方面性能优于红砖。

中式府院

中式府院

传承国人千年人居，

集传统建筑精髓与大院规格于一体，

融入现代设计语言，

为现代空间注入凝练唯美的中国古典情韵，

将文化之美融入建筑与生活，

匠造家仪国风。

门庭知礼序，建筑见威仪，

中正庄严、雅致有序，

亭台花木、一院饱览。

于府院之中，

知山水见天地。

静坐府院内，

温壶诗酒禅茶，

还人生一份从容。

杭州金地·大运河府

沈阳金地旭辉·九韵风华

成都龙湖·西宸原著

郑地·美景东望

南宁融创·九棠府

成都融创·玖棠府

成都北大资源·颐和翡翠府

北科建泰禾·丽春湖院子

广州天河·金茂府

北京·金茂府

大河之上 风华正茂

杭州金地·大运河府

开发商：金地集团 ‖ 项目地址：浙江省杭州市拱墅区

占地面积：约 27 000 平方米 ‖ 建筑面积：约 120 000 平方米 ‖ 容积率：2.8 ‖ 绿化率：30%

建筑设计：上海致逸建筑设计有限公司 ‖ 景观设计：伍道国际

主要材料：铝板、石灰石、大理石、不锈钢、木饰面、地毯、木质等

　　桥西，是杭州富有文化底蕴的板块，位列杭州"地王七君子"之一，与武林广场天然无缝的衔接，一衣带水的大运河的滋养，浓郁市井生活在当下的延展，城市历史因子的时代回响等，都赋予这方土地无与伦比的魅力。杭州·金地大运河府选址于此，且作为拱宸桥西最后一块人居宅地，承载了太多老杭州的想象和期许。

　　该项目凝聚着一座城市的力量，用最贵重的运河气质，最桥西的杭州品位，在设计上立足中国大运河文化精神，将现代高品质的建筑文明与传统东方文化融合为一，为传统东方美学注入时尚和活力，重新定义了金地风华系的标准。传统精神的现代演绎，现代气质的传统溯源，塑造了金地·大运河府恢弘大气而不失雅致时尚的形象，展现出了绝代风华的魅力。

金地集团
Gemdale 科学筑家 ｜ 风华系

区位分析

杭州·金地大运河府位于杭州富有文化底蕴的板块——桥西，紧邻京杭大运河、武林板块，东至吉祥寺路，南近育苗路，西近通益路，北至规划绿地，距离杭州市中心大概 16 千米，四周风景秀美，交通便利，文化、商业、教育等配套丰富。

建筑设计

项目整体布局南低北高为跃层洋房＋高层的组合，高层楼幢全部架空，所有楼栋设地上地下双大堂。外立面的设计采用现代中式建筑风格，与当代城市中产阶层精致典雅的生活方式相契合。三段式的古典立面比例植入现代风格简洁流畅的建筑语汇，立面整体凹凸有序，高低错落，生动形象地演绎出丰富内涵。跃层洋房外立面材料为全石材干挂幕墙，高层外立面材料为基座全石材干挂幕墙，主体为铝板干挂幕墙。

示范区设计

大运河府示范区位于基地南侧的城市绿地，为临时建筑，使用时间约 2 年。基地长约 190 米，深约 28 米，参观流线为从西到东。由于紧邻大运河，为了实现文化与生活的相融合，建筑风格定位"风华系列"，又可称新中式风格。

建筑设计

示范区设计以当代东方审美价值取向为核心，力图以极少的材质诠释丰富大气的视觉体验，其设计灵感来自于著名画家吴冠中的《中国城》，奠定了"黑""白""红""黄"四种主色调：深棕色铝板飘顶，还原传统的"黑瓦"；米白色石材，还原"白墙"；暖棕色的木格栅，还原"红灯笼"；亮金色的装饰，还原"黄色的光"。

为了凸显项目的气质，设计师还加入了尊贵大气的府院制式，以对称的设计手法增强人文礼序感。示范区入口既展现官宅大院的气宇轩昂，又充分考虑空间开合的有序性及层次性，结合门楼、景墙、宫灯等元素，彰显尊贵大气的第一印象。

景观设计

由于项目基地东西长 190 米，售楼处到样板房的参观流线相当长，因此设计师结合了传统中式园林多重庭院、欲扬先抑的设计手法，设计了五重不同调性的庭院——水院、水院＋花园、空院、花园、后花园，去连接各大功能空间，并在在精神层面上延续风华系列的神韵与意境，营造丰富的视觉体验。

水院作为售楼处的前场空间，在空间设计上强调"犹抱琵琶半遮面"的空间效果，利用传统的柱廊元素作为隔断园内和园外的院墙，起到了视线可达而空间不达的作用。水院的意义在于沉静心寂，与高调奢华的售楼处形成强烈的对比，让人到达售楼处后达到一个情绪的高潮。"水院＋花园"主要连接售楼处和小区人行出入口。此庭院的设计，相较于第一重庭院，少了庄重感，多了些俏皮，在人情绪的引导上，做到了一个情绪的缓冲。空院在南北方向主要承担了小区人行出入口的功能，在东西方向上连接售楼区和样板房区。这里设计成一个空院，作为一个情绪的留白，也为后面样板区的展示做了情绪上的铺垫。花园贯穿于错落布置的各个样板房间，用不规整的园林去削弱样板房的体量，去丰富行走在各个样板房中的空间感受。后花园则作为样板房参观流线的一个收尾庭院。

此外，山、水、云、松这几大自然元素贯穿在整个示范区中，通过现代化的造型手法与设计技巧，展现出各自不同的风采，彰显出新东方风格的气韵。

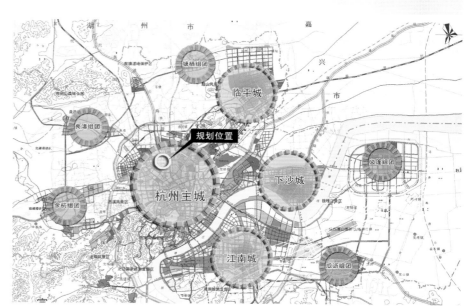

红线面积：3518m²
景观面积：2727m²

N

水庭

月庭

6F

水庭

禅庭

山庭

水庭

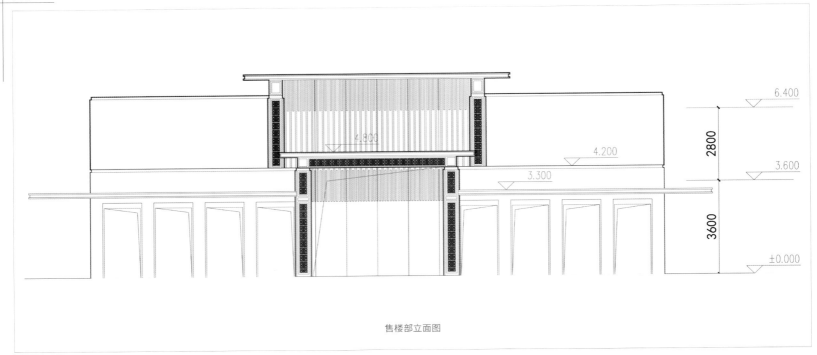

售楼部立面图

材料应用说明 深棕色铝板飘顶、米白色石材墙面、暖棕色木格栅、暗色系地板……共同形成了示范区整体的色调和意境，彰显新中式韵味，极少的材质却营造了丰富大气的视觉体验。

① 铝板飘顶

② 石灰石墙砖

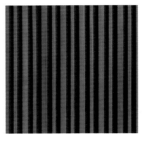

③ 木格栅

④ 中国黑花岗岩

材料应用说明 深色的金属彰显古韵，搭配现代皮革的质感，构成简化形态的中式家具，仿若穿越时空，对话古今。柔软似水波纹的大面积地毯则为室内增添了几许灵动的气息。

❶ 深色金属

❷ 皮革

❸ 水波纹地毯

④ 犀牛白大理石

⑤ 香槟色不锈钢

材料应用说明 天花和墙体以犀牛白大理石片状方式阵列，石材与石材之间加入香槟色镜面不锈钢做为分隔，巧妙地渲染了空间的尊贵价值感，也很好地提升了视觉的立体感。

户型平面图

材料应用说明 客厅地板甄选浅色木饰面，吊顶皆用柔美的细线勾勒，在华丽水晶灯的光晕下，一派清新自然。正对沙发的背景墙嵌入灰白相间的天然水墨纹大理石，东方气质在室内灵动跳越。

1 木饰面木地砖   **2** 彩云玉大理石   **3** 木饰面   **4** 柚木地板

材料应用说明 木饰面背景墙的沉稳灰色调、柚木地板的古色古香，夹杂着室内活泼的橙色，使得整个空间实现复古与现代感的碰撞，奢华但不纸醉金迷。

北方古典官宅大院

沈阳金地旭辉·九韵风华

开发商：沈阳金地顺成房地产开发有限公司 ┃ 项目地址：沈阳浑南新区汇泉路

用地面积：33 000 平方米 ┃ 建筑面积：82 000 平方米 ┃ 容积率：2 ┃ 绿化率：3%

主要材料：大理石、汉白玉、黑卵石、缎铜、木材等

　　金地旭辉·九韵风华是金地"风华"系列进入沈阳的第一个作品，也是其在布局杭州、宁波之后，入驻北中国的首发之作，将承载金地匠造豪宅的品牌实力，再展宏图，致力于成为沈阳新城心高端住宅的风向标，为沈阳带来更具传统文化内涵、精致生活质感和全新的价值美学。

　　九韵风华以东方传统美学为本，以东魂西技的手法，将传统居住观念与西方空间规划相结合，打造一座意致东方、情致现代的金地风华系列北方开山之作。该项目参照北方皇家宫廷建筑形制，采用中轴对称布局，并以"金玉满堂、八贵九尊"的传统形制为整体园区景观之纲领来建造，融合皇家宫殿与园林的端庄大气，营造华贵典雅的建筑氛围，诠释出皇家园林的尊贵感，再现东方古典美学。

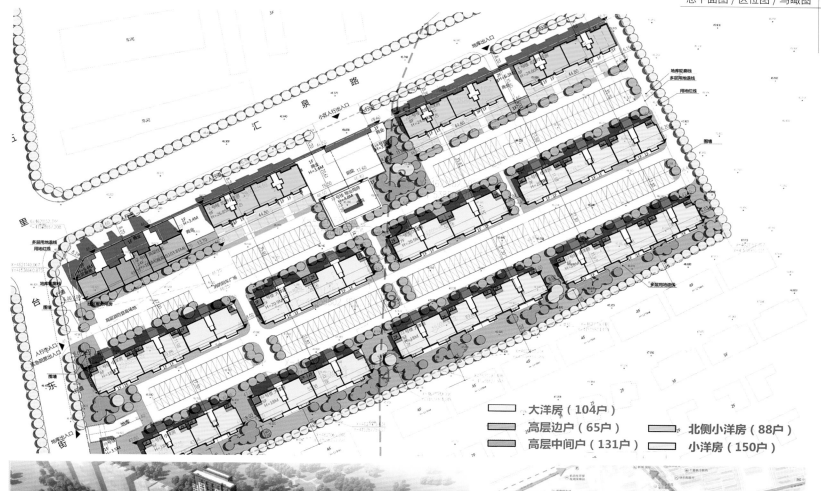

大洋房（104户）

高层边户（65户）　北侧小洋房（88户）

高层中间户（131户）　小洋房（150户）

区位分析

金地旭辉·九韵风华位于沈阳浑河南区核心区位——奥体成熟板块，南临中华园别墅区，北抵汇泉路，东侧临近汇水湾园区，西侧靠近泰莱白金湾住宅，驱车经富民南路与富民桥可直达南塔商圈，位置优越，交通便利，生活配套齐全。

定位分析

九韵风华是金地集团在沈阳的第11座高端地产作品，旨在成为沈阳新城新高端住宅的风向标。作为金地风华系新中式产品中最具华贵韵味的代表作，九韵风华依照中国皇室宫殿形制，建造中轴对称布局，涵盖五进门庭和八大中式院落园林，共同筑就拥有纯正尊贵东方血统的新中式作品，被誉为是沈阳浑南板块中最具文化底蕴的新中式院落。

建筑设计

不同于白墙灰瓦、小桥流水的传统中式风格，风华系列的建筑风格取其意不取其形，通过对传统文化形式的思考、提纯、演变、重构，实现中国传统文化与当代国际时尚完美融合，打造中国风尚潮流人居。每一个具体的"风华系"项目，又将从当地最具特色的传统建筑中汲取营养，借用色彩、造型、装饰品等建筑语言。风华系列，在抽象与具象两个层面，充分展示其独具的匠心与神韵。

九韵风华建筑选取中国古建筑最具典型特色的意向符号，作为奠定北方风华系列的基调元素，并进行重新阐释，力图再现东方居住建筑的独特魅力。建筑的背景色为象牙白，辅以深咖（屋顶）、棕黑（窗间墙）、深棕（基座）和暖灰色（部分装饰墙面）。丰富的配色方案凸显建筑的价值感，兼顾南北差异的同时延续了风华系列现代时尚的特征。此外，建筑设计分别从大、中、小三个级别提炼传统建筑精华作为风华系列的装饰细节，通过对建筑形象的雕琢来体现出金地风华系列的文化价值体系。

示范区设计

九韵风华示范区位于小区中轴线上，纵向设计三重院落，强调中轴对称关系。示范区以金鱼为创作来源，在景观上延续了金地风华系列对新中式的考究，有别于南方风华的温婉清丽，在北方风华的营造上更加着重规整大气的院落氛围。项目以开放式的轴对称形式体现出东方古典美学与皇家园林的尊贵感，且在细节处以寓意深刻的精致小品为官家大院带来现代的惊喜。

门庭：接待门庭建筑采用古典官宅大院制式，将石材砖雕结合现代工艺，体现了北方风华的大宅气质，以古典形制打造充满现代精神的入口景观。

中庭：穿过门庭即进入中庭，利用富贵的美好寓意，设计牡丹水景雕塑，中心喷水，鱼群环绕，寓意金玉（金鱼）满堂，形成中庭的视觉焦点。雕塑以镜面大理石为基座，底部开设凹槽，铺设黑色卵石，花瓣以锻铜外翻卷纹抛光，中心涌泉出水，水滴分流而落。

中庭景观中轴的尽头设置了砖雕照壁，形成对景。砖雕图样以鱼跃龙门为主题，呼应中心雕塑中的喷泉鱼样，以蓝色水波纹大理石铺底。房檐与墙饰有万字纹样，在细节中体现出中式的精粹。

后院：以抽象化片石结合优雅简洁的水面，呈现水天一色的视觉通透感，将山居的野趣融入休憩环境中。设计师将鱼群随波逐流的姿态作为原型，进一步抽象和提炼，以现代简约的流动线性和金属材质创作出庭院雕塑，配合深色水纹镜面大理石，中式意蕴与现代精神完美契合。

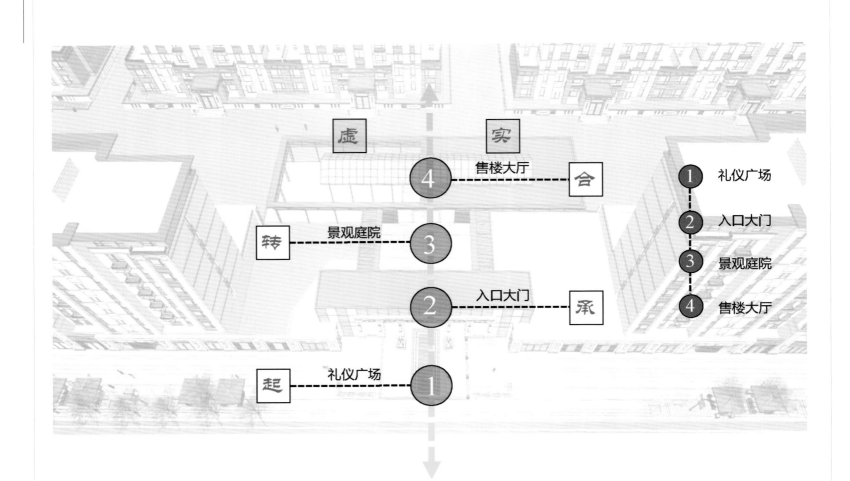

虚　实

4	售楼大厅	合
转	景观庭院	3
2	入口大门	承
起	礼仪广场	1

1 礼仪广场
2 入口大门
3 景观庭院
4 售楼大厅

① 铜横梁带花纹

② 灰色铝板

③ 中国黑花岗岩石材

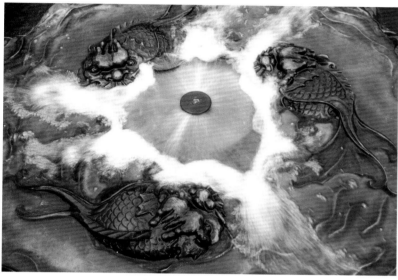

④ 缎铜"鱼群"

⑤ 汉白玉石雕及蓝色水波纹大理石

材料应用说明 牡丹水景雕塑以大理石为基座，底部铺设黑卵石，彰显高贵沉稳之感，花瓣以缎铜外翻卷纹抛光，中心喷水，鱼群环绕，形成视觉焦点；"鱼跃龙门"主题砖雕以蓝色水波纹大理石铺底，呼应中心雕塑中的喷泉鱼样。

① 维纳斯灰大理石

② 青石板岩

③ 中国黑花岗岩大理石

材料应用说明 ‖ 石材的厚重质感和肌理赋予整个场地大气、沉稳的气质，营造出北方院落规整大气的院落氛围。

④ 木质装饰隔板

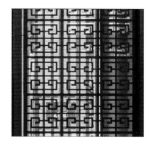

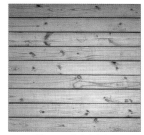

⑥ 原木地板

材料应用说明 ‖ 木质与藤这些来自于自然的材料彰显了项目"天人合一"的理念，同时也营造了古色古香的氛围。

蜀韵府园 坐观山水

昌 成都龙湖·西宸原著

开发商：成都龙湖地产 ║ 项目地址：成都金牛区育仁西路

用地面积：88 463 平方米 ║ 建筑面积：544 795 平方米 ║ 容积率：4.5 ║ 绿化率：35%

景观设计：奥雅成都公司 ║ 主要材料：汉白玉、琉璃、玻璃、大理石、花岗岩、砂岩等

　　成都龙湖·西宸原著定鼎成都城西三环内，结束浣花溪后西三环内近十年城市墅居的空白，开创成都城市墅居的全新纪元。该项目结合蜀地"贵气"，以现代美学手法融合成都院落文化的神韵，致力于营造一个具有中式情怀和蜀地韵味的体验空间。

　　西宸原著严格遵循原著系墅级标准，以"土地无脉，无称原著"的择址观，"中魂西技"的建筑观，"纳四海精材，尽细致之功"的品质观，匠心打造大院双拼、宽庭叠院、阔景平层三大经典原著系墅级产品，再现蜀贵府园生活。

　　景观打造上，西宸原著汲取《园冶》的造园精髓，提炼"十制三十二规"，以现代美学融合中式传统神韵，采用借景、掇山、理水、装折等景观表现手法，呈现原著系自然写意胜景。

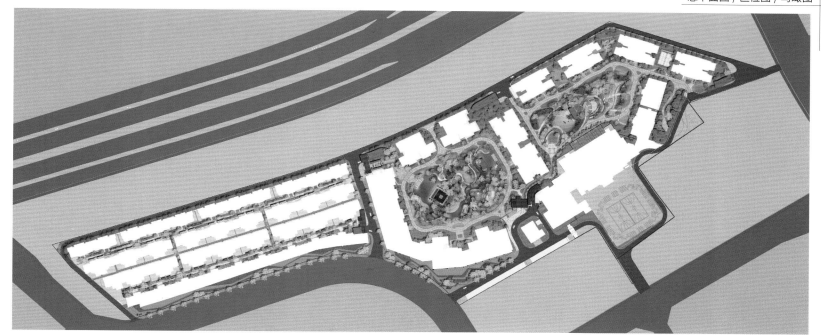

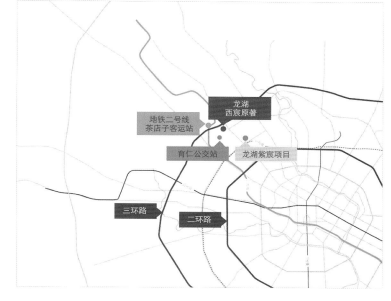

区位分析

　　成都龙湖·西宸原著位于成都市金牛区西三环内稀缺地段，周边由三横（金牛大道、交大路、蜀汉路）、两纵（中环路、三环路）、双地铁（2号线、在建中地铁7号线）构成便捷交通网络，通达全城；西宸天街（在建）、一品天下、凯德广场……醇熟高端商业近在咫尺，坐享繁华；茶文化公园和金牛公园等城市公园簇拥，自然生态优越。

定位策略

　　项目所在的城西区域，是成都的"贵胄之地"，城西人传承了整个蜀地千年以来的贵气，他们低调、内敛、真正懂得享受生活，是"蜀贵"的代名词。因此，项目从文化视角切入，打造一座蜀韵府园，匠心打造大院双拼、宽庭叠院、阔景平层三大经典原著系墅级产品，在大宅府邸与山水园林间，找回蜀贵的生活方式和礼制之道。

建筑设计

　　项目示范区的建筑规划提取蜀地皇权贵族和皇室府邸的空间特征，打造具有前厅、正堂、中堂、后堂的一厅三进的空间礼序，营造具有强力文化感知的府园景观，将新中式景观与成都休闲文化相结合。售楼部采用低调典雅的新中式建筑风格，以现代的设计手法去提炼简化中国传统建筑的挑檐、柱式、格栅等元素，以南方建筑文雅的配色为主，结合现代的材料和工艺，时尚与古典并生。在洽谈区，设计师大胆地运用全尺寸的落地玻璃窗，让室内空间与外部富有山水意境的镜面水景融合在一起，而水面的平静倒影让空间层次更加丰富，意蕴更加悠长。

景观设计

　　项目集合中国古典造园法则之精粹的十制三十二规，以现代美学手法融合成成都院落

文化的神韵，精心打造了以下"西宸八景"：

　　锦幄华堂：大门的设计提炼自汉宫殿建筑中殿顶最高级的重檐歇顶元素，以现代手法再现门户尊贵的气度。

　　山庭凝翠：栅栏屏风式的对景墙，隐约透出背后的府园，婉约雅致；结合线条简练的意象山石，秘而不宣地透露出项目的悠远山水之意。

　　琅嬛石阶：门前石阶采用雅安汉白玉，纹理相宜，色泽通透，形似蜀山。置石经设计师现场反复推敲其体量、位置、色彩和纹理，再由川石匠人全手工精心打造，起伏有致，绵延似山水，曲直刚进，尽显山径妙趣。

　　蜀韵山水：此景灵感源自川派山水园林大师张大千的画作，用现代的笔触幻化演绎，形成一幅10米长卷，通过复杂的艺术玻璃喷印技术创作而成，清晨呈现的是艺术泼墨山水画作，傍晚则演绎出现代蜀韵山水的林间夜色，实现无时无刻的色彩变化。

　　千嶂琉璃：此景由12层仿艺术琉璃玻璃交叠、匠人手工打磨切割而成。远望仿若照壁上的青山流泻而下，汇成琉璃映照的蜀山盛景，尽显蜀地"千峦环翠，万壑流青"之蜀山水之美。

　　秀木扶疏：特选极品桂花大树，枝叶茂密、疏朗有序，营造一副贵气的幽静妙景；运用现代新中式山水意境的变动，与前庭相得益彰，凸显天然之趣。

　　四水归堂：抽取传统民居"四水归堂"的格局，"宅以泉水为血脉"，水聚明堂为吉，天光明净，财运汇聚。

　　坐观水云：广池如鉴，天光云影，远处翠屏叠嶂，花丛点缀，一幅充满与自然互动的居山水间生活图景跃然眼前。

材料应用说明 雅安汉白玉纹理相宜、色泽通透，经由设计师精心放置，再由川石匠人全手工打造，从而起伏有致，绵延似山水，尽显山径妙趣。

1 雅安汉白玉

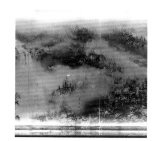

2 艺术玻璃

3 仿琉璃玻璃

材料应用说明 巨型的艺术玻璃景观画作采用艺术玻璃打印技术而成，与地面中央仿琉璃玻璃山水地景相呼应。从室内望出去，整个室外空间就是一个立体的山水图景。

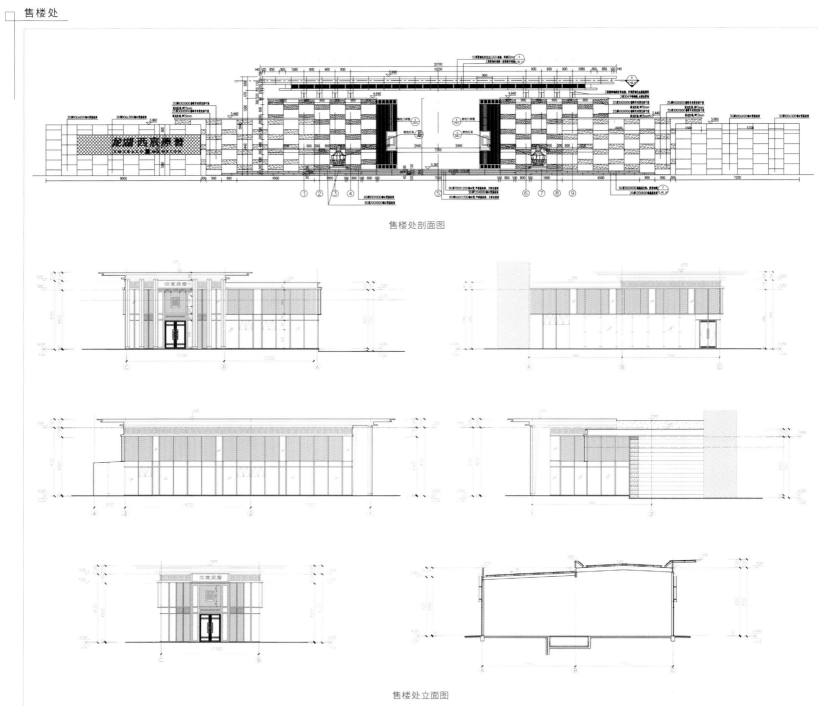

售楼处剖面图

售楼处立面图

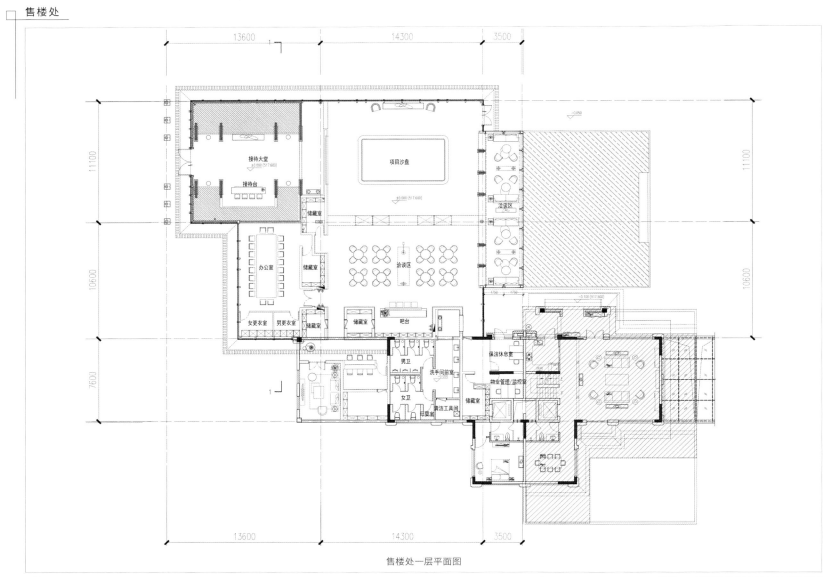

售楼处一层平面图

材料应用
说明 一条条细木格栅和印有山水纹的窗纱结合，光影一投射，雄奇瑰丽的山水景象便显现了出来。淡水墨晕染的水云纱石材和具有设计感的壁灯组合形成单体的柱子，每个柱间距之间都有不一样的独立空间，让人有一步一景、一步一空间的感受。

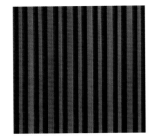

① 木格栅

② 中国黑大理石

③ 水云纱石材

④ 水晶吊灯

材料应用
说明 顶面的水晶吊灯和沙盘区形成了完美的呼应，如灵动的云与气势磅礴的山，自成景观。

材料应用说明 深色木打造的西厨与客餐厅的灰色形成清晰的对比，同时采用自然纹理的白色大理石提亮空间，轻描淡写的一笔，却大大减少了视觉上的沉闷与压抑。

① 爵士白大理石

② 深色木

③ 原木地板

④ 卡其色墙纸

材料应用说明 自然大地色系的材质使得整个空间富有沉稳、静逸之感，没有浮夸的奢华，让人感觉舒适又不失尊贵，与蜀贵含蓄、高雅的生活方式不谋而合。

原创中国美学院墅

郑地·美景东望

开发商：河南省美景集团，郑州地产集团 ▎项目地点：郑州新区白沙 BS22-16-01 地块

占地面积：65 240 平方米 ▎建筑面积：179 041.42 平方米 ▎容积率：1.49 ▎绿化率：35.2%

建筑设计：上海日清建筑设计有限公司 ▎景观设计：HWA 安琦道尔环境规划建筑设计咨询有限公司

主要材料：灰色石材、金色哑光铝板、木格栅、仿石材地板砖等

  现在，东方文明、东方艺术已经吸引了全世界的目光，中国风风靡全球，"世界东望"，不仅仅是一种趋势，更是一种潮流。在中国文化自省与回归的当下，原创中国美学院墅——郑地·美景东望应势而生，用更加现代、国际的手法表达中国建筑、传承中国文化。

  该项目以原创中国美学建筑为理念，力图从传统中式建筑中抽取空间和立面元素，以现代的建筑材料和手法进行具有时代感和文化归属感的演绎，通过立面纹彩、墙院组合、植被层次、居室光影等，演绎现代中式建筑的生活风范，复现东方人居意境，让城市理想回归东方。

美景集团 MEIJING GROUP ｜ 高端系

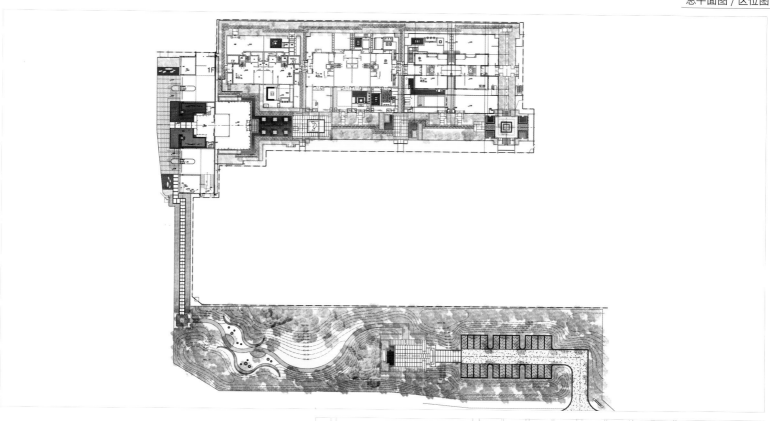

区位分析

郑地·美景东望择址郑东新区白沙组团内，位于郑州市主城区正东，距郑州东站 12.5 千米，距新郑国际机场 25 千米，大环境交通便利，基地周围高速路四通八达，是将来郑东新区的中心。

规划布局

项目主打高层和别墅两大产品，在规划布局上，对别墅区和高层区分区管理，中间用绿篱、植物等进行隔离，使得别墅、高层互成独立社区，互不影响、互不干扰，共享南侧景观带。高层区有自己的园林和公共活动空间；别墅的容积率尽可能地降低，为了达到市政规定容积率，在别墅区的东侧保留了 4 栋高层。

建筑设计

项目以原创中国美学建筑为理念，从传统中式建筑中抽取空间和立面元素，以现代的建筑材料和手法进行具有时代感和文化归属感的演绎。建筑外立面采用郑州伏羲山石材——"美景青"，以精密的磨机转速控制打磨出哑光质感，竖向拼贴结合原创设计仿竹节竖向百叶，让外立面演绎出竹子所特有的风骨，独特雅致而不张扬。

景观设计

项目承袭北京故宫皇城建制，中轴对称勾连三坊七巷布局，方正规整、秩序井然，对称之美随处可见。设计师借鉴中国古典园林的造园手法、运用中国传统韵味的色彩、中国传统的图案符号、植物空间的营造等来打造具有中国韵味的现代景观空间，处处可见适意自然：台基与巷道石径、院墙以及建筑立面的色彩与质感高度协调；有选择地摄取空间优美景色，青石路的意境让人心驰；利用水与倒影扩大空间，营造宁静之感；揉入简单的中式图案青石墙、古典灯饰，与整个大环境交相辉映；石板小路、竹林与考究的门庭设计，显示着中国建筑独特的美感……

售楼处设计

售楼处位于地块主入口的西侧，结合主入口景观利用绿化带一同形成连续完整的参观入口仪式体验。入口采用中国皇城建制的"五门制"营造出城池宫殿的感觉，并由 526 块金属框、7089 颗灯珠镶嵌而成的金属幕墙横亘"城门"

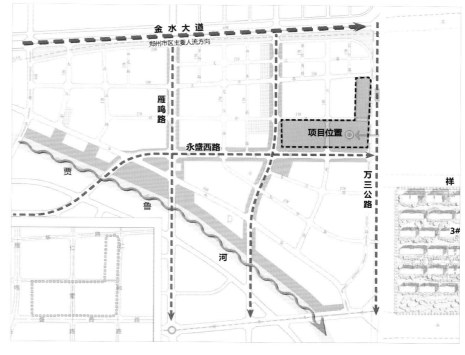

之上，由风速传感器和电脑芯片控制的灯光，变化出不同的形状："风生""欢愉""萌芽""追逐"，不同变幻的灯光在金属幕墙上流淌，流光溢彩，像指引业主回家的灯塔，给人以力量和温暖。

样板房设计

联排端户

下沉式双层庭院、一层庭院、侧庭院，私密露台、功能露台，共同构成户户有院、家家有园的立体交错空间，超 1：1 赠送面积，多重入户形式，为业主营造私密、自如的院落人生。一层南向特设老人房，方便老人起居；北向餐厅、中西厨相连，形成一个宽敞、奢华的空间；地下一层多功能厅配合超大落地窗、连通超大庭院，形成开阔的视觉效果和良好采光；二层阳光透过片墙在室内形成独特的艺术空间，静谧、私密；三层围合出的私密露台，宽敞的观景露台，多变空间营造出多彩生活；四层多功能空间连接宽阔露台，有天有地，大美人生。

叠拼上墅

地下室与私家车库相连，直接入户；侧向入户，上叠、下叠互不影响，尊崇、私密；近 12 米超大面宽为东望独有，更多阳光、更多舒适；一层中西双厨房设计、厨房外设备平台与外部片墙形成私密的自由空间，既不会受到上叠北庭院的影响，又保证了厨房功能空间所需要的通风、采光、排烟的实现；餐厅客厅一体化设计，7.8 米面宽，形成超宽的视野尺度，将南侧一层庭院的风景尽收眼底；二层主卧次卧相互隔离、均配有独立的卫生间及衣帽间，形成互不干扰的生活分区，便于生活起居的方便性。

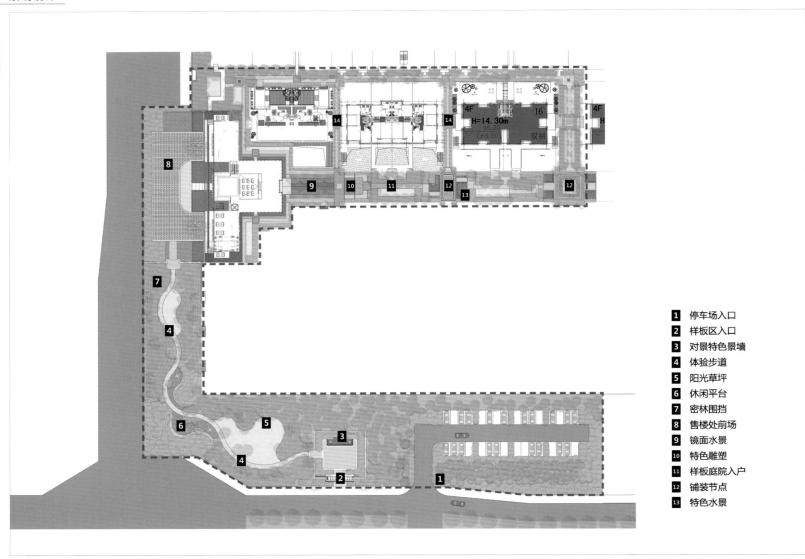

1　停车场入口
2　样板区入口
3　对景特色景墙
4　体验步道
5　阳光草坪
6　休闲平台
7　密林围挡
8　售楼处前场
9　镜面水景
10　特色雕塑
11　样板庭院入户
12　铺装节点
13　特色水景

材料应用说明 由 526 块金属框、7089 颗灯珠镶嵌而成的金属幕墙横亘在灰色"城墙"之上，配合不同变幻的灯光，如同指引人回家的灯塔，给人以力量和温暖。

① 灰色石材（分缝）

② 比萨灰大理石

③ 金色哑光铝板

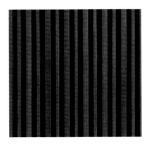
④ 木格栅

东方府院 五进归家

南宁融创·九棠府

开发商：南宁融创正和置业有限公司 ▎项目地点：南宁五象新区玉洞大道 56 号

占地面积：97 276 平方米 ▎建筑面积：485 466 平方米 ▎容积率：3.5 ▎绿化率：35%

建筑设计：上海大橬建筑设计有限公司、开朴艺洲设计机构

主要材料：石材、铝板、玻璃、钛锌板

融创精耕南宁，凭借十四载高端臻品修为，洞察中国人对自然的情怀和对自身精神世界的追寻，传承苏州桃花源高品质造园精神，融合中国人居境界及西方建筑艺术之精粹，回归民族底蕴与自信，打造全新的东方生活美学著作。

作为融创在南宁的首个豪宅项目，九棠府将现代元素和传统元素结合在一起，以现代人的审美需求来打造富有传统韵味的事物。该项目采用王府院落形制，承袭五重门第之仪，并以现代技法进行全新演绎，让传统艺术在当今社会得到合适的体现。同时，该项目也深谙在技法之外，将文化和故事所赋予空间的力量，雕琢一种经得起时光的生活作品。

SUNAC ▎府系
SUNAC INVESTMENT INC.

项目概况

融创九棠府位于南宁市新区东南侧，北侧紧邻体育产业城，近区域CBD，周边有优质教育资源，且临近规划中的五象四湖，将拥有丰富的景观资源。该项目总体定位为以休闲生态居住为主、集商业配套于一体的高端生态居住区，意在打造绿色、低碳的中国现代社区生活的典范。规划上，项目采用全高层点板结合贴边式布局，整体南低北高，最终形成完整规划形态和双中心花园的空间效果，呼应五象片区山势起伏变化。

景观设计

融创·九棠府将府苑园林中的林、花、水、瀑、湖进行全新演绎，表达对清雅含蓄、端庄丰华的东方式精神境界的追求，在空间形态上更加简洁清秀，同时又兼并了传统中式空间布局中等级、尊卑等文化思想，空间配色上也更为轻松自然。项目以中式园林的设计理念，打造了园林景观，小区内设九苑十八景，以花进九苑为主题，凸显自然与建筑的和谐统一，让人漫步其中，流连忘返。

建筑设计

项目依循东方建筑形制，整体规制居中守正，一条中轴线贯南北、分东西，礼序方正，成就庄严府邸。立面则以简约的设计手法为基础，摒弃繁杂的纯欧式符号，灵活地提炼简化、综合运用传统中式符号，设计出舒展大气的立面效果，呈现出特点鲜明、个性突出的建筑形象，打造具有独特东方气质的文化府邸。

示范区设计

示范区吸取中式园林的特点，在水、园、庭及细节上，营造成尊贵、宁静、祥和、内敛的"新东方"空间，利用五进归家打造尊贵品质。

一进林苑：前庭林苑强调虚实与光影的变化，打造亲近又不失典雅的林下空间。建筑呈"品"字形布局，中轴对称，借鉴了古代王府门楼"三间一启门"、平挑出檐的建筑形式，流露出典雅雍容的华贵气质。

二进花堂：进入花堂，入眼是东方传统住宅的经典要素——照壁。月洞为框，框住水墨画墙，还原了方寸间一览群山的意境，同时结合独特寓意九字暗纹带给人漫步薄雾的场景感受。汉白玉石桥、拴马桩、海棠花暗纹的铜门，隐约流露出的东方文化的典雅、内敛。

三进水厅：销售中心门前引入吉水之最——方砚池水，14x24米的静水面填满整个庭院，映衬着蓝天白云与建筑的光影，精致的水滴，盛开的海棠，寓意"滴水花开"。

四进瀑庭：四水归堂，是中国古典建筑代表风格。示范区通过将庭院下沉，造就天井。水流成瀑，寓意聚水、聚财、聚福，同时借鉴古典"微缩山水"的造园手法，体现天人合一。

五进云湖：一方云湖遥望，风雨连廊归家，形成传统园林中曲径通幽的意境，突出曲折有情的风水设计，形成"庭院深深，大户人家"的景观格局。

售楼处设计

售楼处以王府文化底蕴为依托，通过东方禅意美学的组合方式，将喧嚣张扬的王府元素重组，并融入现代装饰手法，呈现出王者的内敛、气韵、意象之美。

在入口接待区，背景墙采用壮锦图案设计，配合王府的天花造型，整个空间恢弘大气。沙盘区空间通透，前后通水，挑高的中庭彰显奢华王府气派，吊灯、天花结构与地坪拼花细部均采用地域性民族图案，增强感染力。洽谈区深灰色与金色的搭配方式以及别致的民族图案造型，把空间做到极致的丰富。

VIP室木饰面搭配金属使用更显精致贵气，配合地域性图案以及别致的装饰画，营造了一种内敛奢华的氛围。泳池区域舞动的破浪天花造型，次序感墙面分块，配合抽象鱼群的墙面装置艺术，构成动态感十足又不失优雅的愉悦空间。

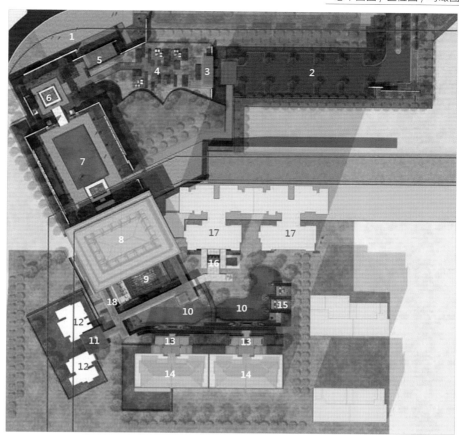

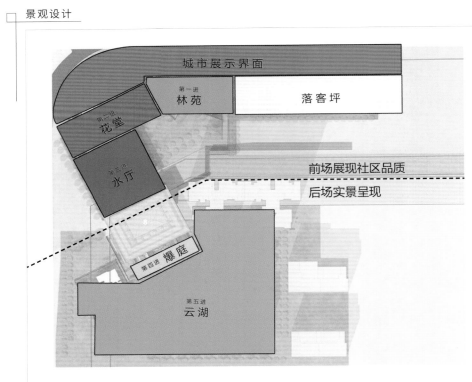

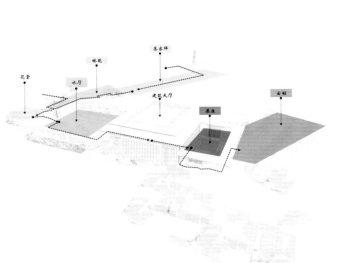

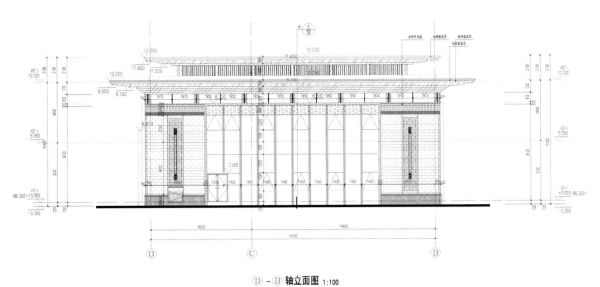

Ⓓ－Ⓑ 轴立面图 1:100

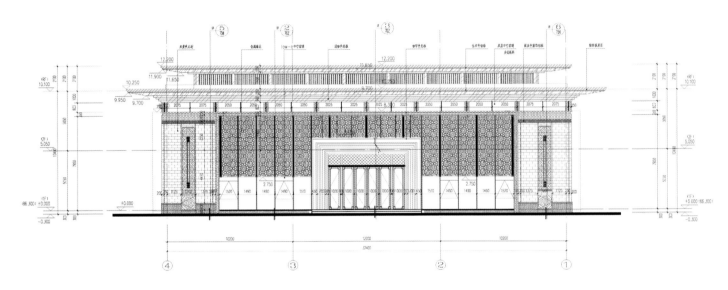

④－① 轴立面图 1:100

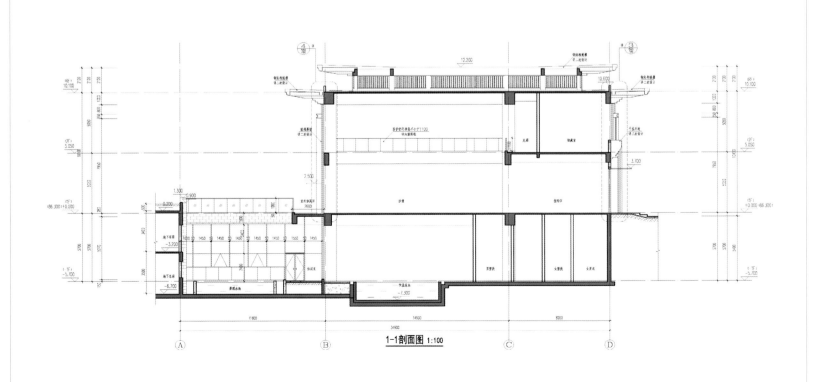

1-1剖面图 1:100

**材料应用
说明**｜屋檐、窗花以及一些装饰都采用金属材料，既没有传统木质材料的繁复，也没有钢筋混泥土的笨重。尤其是屋檐选用钛锌板材料，不仅承载力强，又充满轻盈灵动之美，同时又不失现代设计的简洁时尚。

① 钛锌板屋面

② 深咖色装饰铝板

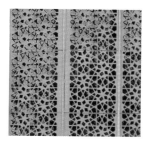

③ 金属雕花

④ 西班牙米黄石材

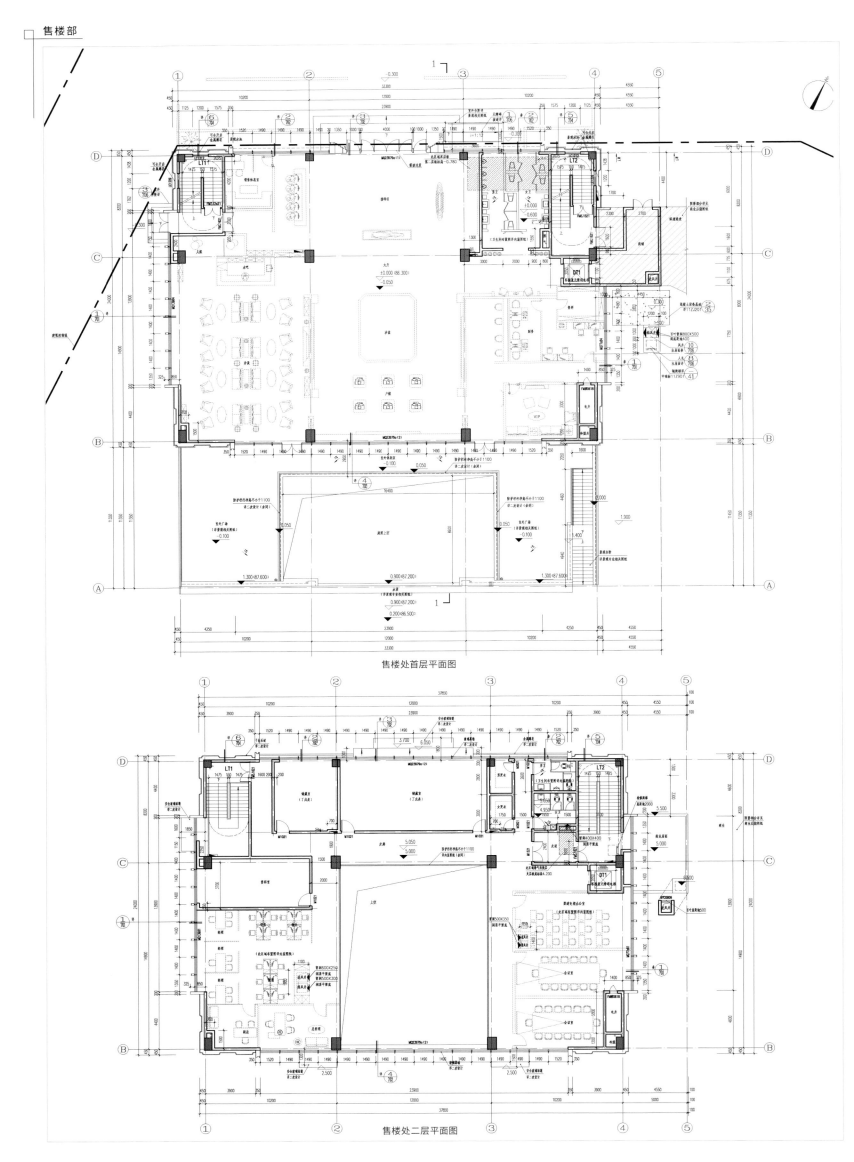

售楼处首层平面图

售楼处二层平面图

户型平面图

计半产权面积

不计产权面积

卧室　客厅　卧室　书房

绿化阳台

玄关　餐厅　衣帽间　次卫　主卫

厨房　卧室　主卧

绿化阳台

传承东方 品质府院

成都融创·玖棠府

开发商：融创中国控股有限公司 ｜ 项目地点：四川成都天府新区

用地面积：80 911 平方米 ｜ 建筑面积：242 879 平方米 ｜ 容积率：2 ｜ 绿化率：30%

建筑设计：森拓设计机构

主要材料：铝板挑檐、山水纹大理石、紫铜门、仿古铜木格栅、仿铜金属装饰花纹等

　　成都是一座极具包容性的城市，不仅有着源远流长的蜀文化的深厚底蕴，也有着蓬勃发展的现代艺术和潮流。传统与时尚水乳交融的成都，渴望的是西方匠艺和东方意境相辅相成的建筑。为此，融创·玖棠府萃取西方建筑精华，传承东方风韵，为成都呈现以现代手法演绎传统居住体验的新东方美学。

　　该项目承袭中国王府传统五进院礼制格局，以"门、堂、园、道、巷"为肌理，辅以不同特色的景观组团，营造出"一进一景"、极具尊贵仪式感的归家之路。其建筑格局强调中轴对称，让空间更有序列感，室内则大量使用古朴典雅的中式元素，整体风格如煌煌汉赋，呈现出庄重华贵的古典东方尊崇。

规划布局

项目顺应天府新区南延线的整体规划，从城市设计的角度出发，认真审视基地周边的现状情况以及未来规划的发展方向，将几个地块视为一个整体来考虑。在规划布局上，充分考虑东边麓湖生态城与西边锦江生态带的形态关系，希望通过项目引入，与之形成一个整体性很强的城市空间界面，从而能够成为该片区的标志性建筑。

项目采用高层住宅与低层住宅组合的建筑形态，高低分区明确，城市形象鲜明；将高层建筑设置于基地最内部，从而将其对于城市界面的压迫感降低到最低，同时在建筑高度上突破常规的 100 米限制，采用 110 -140 米的超高层建筑，建筑高度起伏变化，富有弹性，以形成美妙多姿的城市天际线。

建筑设计

项目整体采用新东方风格，注重对视野、院落、生活品质的突出。高层强调竖向的挺拔感，同时搭配低调柔和的视觉色系。外立面以深褐和浅米为主色调，给人沉静质朴、精致风雅的观感。

在户型设计上，玖棠府绝大部分户型采用南北入户，打造邻里组团，既拉近了邻里之间的距离，又保证了业主的私密性；下沉庭院将阳光和新鲜空气引入地下室，景观更好，功能性更强，保证了每套房源享受到极致的景观资源；完全的动静分区、功能分区，塑造了一个新颖的居住空间。

景观设计

项目承袭中国王府传统五进院落礼制格局，在院落景观处理上，采用递进式的布局手法对空间进行分区打造，同时以"门、堂、园、道、巷"为肌理，辅以不同特色的景观组团，营造出"一进一景"的归家礼遇：一进见山观瀑、二进丹墀映溪、三进林池高致、四进撷花揽石、五进归心之岸，真正做到曲径通幽、移步换景。

售楼部设计

整个售楼部的风格定位为体现成都人文的新东方，以提升整个售楼处的格调和尊崇感。室内空间尽可能借景、引景、造景，使用与风、水、光相关联的自然元素，偏向使用铜、皮、石、木、布、帛等体现品质感和时尚感的材料。

建筑格局强调中轴对称，空间体验讲究进深节奏，前厅先收再放，通过一个景观带再收，在平面布局上具有精彩的节奏感，以进间数量体现尊贵感，也在客人洽谈的流线过程中掌握明暗、虚实变化给予整个室内空间的独特动线。

沙盘地面以大理石边带为主，以东方格调为主线，融合西方艺术元素，并借鉴时尚大牌精简的潮流符号，以阵列、连续的构成手法，多采用片状或线状元素进行设计，把整个空间提高，再将现代和中式坡顶手法相结合，突出现场时髦感。侧墙别出心裁地将当地特色山水纹打造成中式意境的山水画，融入整个环境中。

高层洽谈区以通透的屏风和书架的形式区分每个洽谈区域。负一楼别墅区以花艺为主题，以中国特色的牡丹、祥云形象突出该区域的文化氛围。VIP 区考虑到年轻和年长客户群的感官需求，用深色调和浅色调做出区分。深色调区更沉稳，而浅色区将木实面和拼花的用色降低一度，更能体现年轻化的视觉感受。

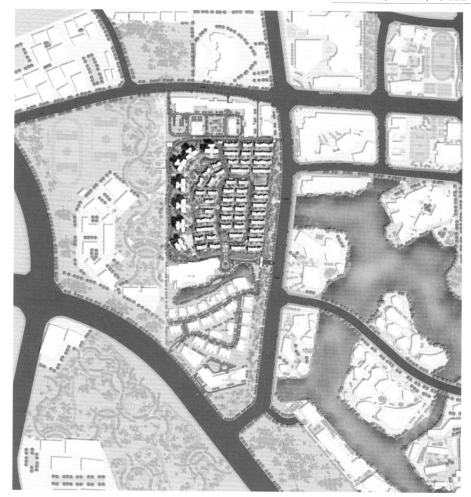

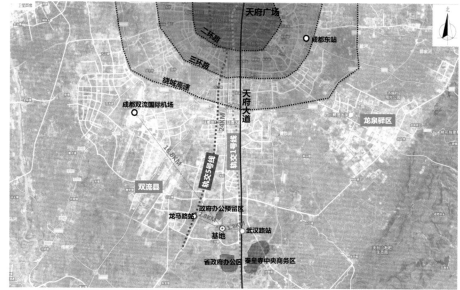

叠翠峰　林泉栖　如意潭　瑞玺堂　望山榭　云影台　璞雅院

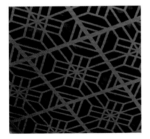

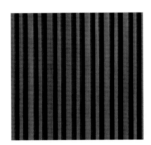

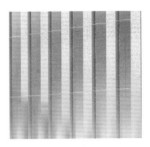

1 金属雕刻花纹　　　2 仿古铜木栅格　　　3 白金砂大理石　　　4 金属造型

材料应用说明 金属与木材的色泽给人以沉静质朴、精致风雅的观感，细节处彰显中式内敛含蓄的韵味；石材选用低调的灰色系，既与其他材质搭配协调，又显示出其庄重的气质。

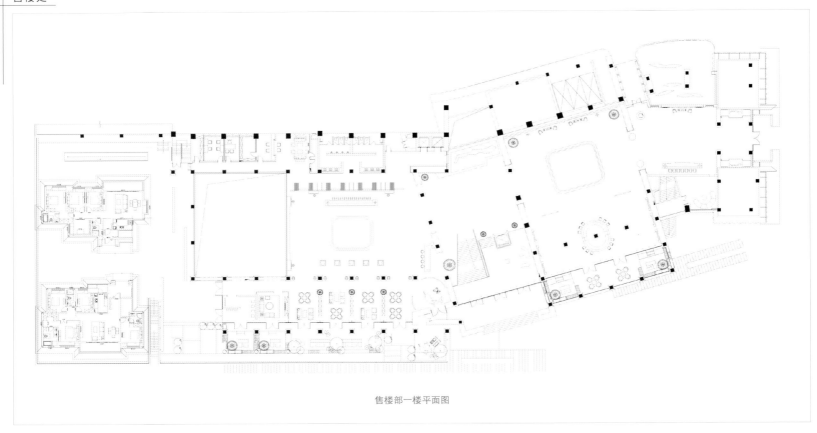

售楼部一楼平面图

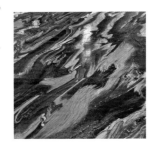

① 山水纹大理石

② 雅伯灰大理石

③ 仿铜金属装饰花纹

④ 布朗金大理石

材料应用说明 售楼处大堂墙地面均使用大理石，搭配仿铜金属装饰花纹背景，凸显了整个空间的品质感与豪华感。

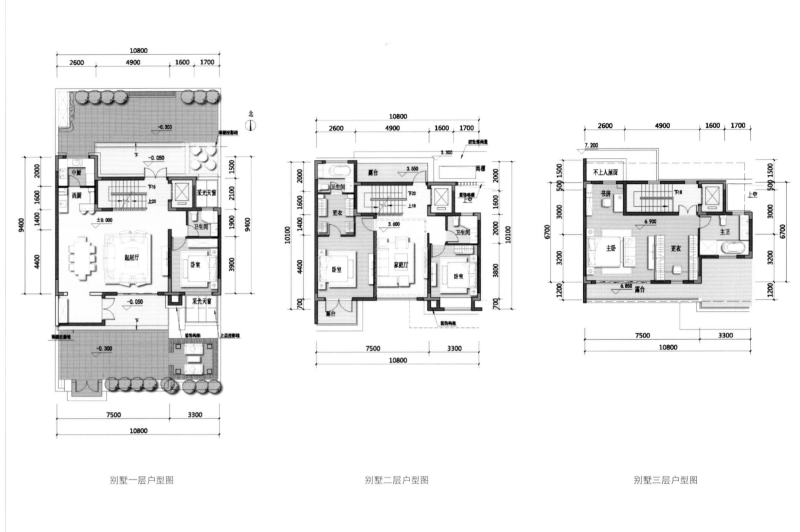

别墅一层户型图　　　　　别墅二层户型图　　　　　别墅三层户型图

低密城市墅居生活

成都北大资源·颐和翡翠府

开发商：成都北大资源 ｜ 项目地址：成都高新区红星路南延线与应龙路交汇处

占地面积：58 467 平方米 ｜ 建筑面积：149 090 平方米 ｜ 容积率：2.55 ｜ 绿化率：30%

建筑设计：中泰联合设计股份有限公司 ｜ 景观设计：重庆蓝调城市景观规划设计有限公司

主要材料：木材、铝板、钛锌板、超白玻璃、石材等

  北大资源，源于北大，承于方正，深耕成都五载，所筑皆为精工匠心。颐和翡翠府是北大资源在成都高新区的扛鼎之作，占据国际城南崭新的"豪宅黄金线"，匠心打造花园叠墅、独院联排和板式宽景平墅，铸就城南首席低密舒居宅邸。纵览蓉城，与绿水为邻、与繁华为伍、与便捷为伴，符合这黄金三大法则的城市院墅诚然不多，北大资源颐和翡翠府低密墅居的出现，正好填补了这一空缺，让都市人"出尘而不出城"的诗意栖居梦得以实现。

  项目示范区以极具文艺范的建筑作为主体，分隔成诗意水庭、建筑内庭、高层样板房廊庭、别墅花园这四个精致的艺术庭院空间，营造了"翡翠花溪琉璃岸，碧水枕着花语眠"优美而富有诗意的意境。

北大资源 PKU RESOURCES ｜ 颐和系

项目背景

成都北大资源颐和翡翠府是北大资源集团继公园 1898 等多例城市精品之后，在成都高新区的扛鼎之作。项目位于成都高新区红星路南延线与应龙路交汇处，新会展南，占据国际城南崭新的"豪宅黄金线"，匠心打造花园叠墅、独院联排和板式宽景平墅，以 2.55 的低容积率开启低密城市墅居生活。

布局规划

成都地处北回归线以北，全年太阳光照大部分来自南边，且多雾、气候潮湿。颐和翡翠府结合成都多雾少光照的自然条件，将居住哲学、建筑美学、实用科学巧妙融合幻化，最终敲定低密高层分区布局、高层的双中庭格局。

项目在整体规划和户型设计上，兼顾考虑居住体验感和实用性，采用高低区分区布局。在确保低密部分不受高层干扰情况下，获得充分采光和宽广的视野效果，同时让高层享受到直面低密墅区的"观景台"效果。

示范区设计

颐和翡翠府示范区以极具文艺范的建筑作为主体，将其分隔成不同的艺术庭院空间，其中有诗意水庭、建筑内庭和高层样板房廊庭。

入口：序列的灯柱、错落有致的入口景墙、郁郁葱葱的植物背景，拉大了整个入口的延展面，将整个示范区在闹市中隐去，藏于林中。同时，入口的细节体现了园区的礼仪感和尊贵感。

诗意水庭：整个水庭旨在突显建筑的艺术气息，利用干净大气的静水面，将整个售楼部完全倒影在水中，虚实结合，亦幻亦真。

建筑内庭：内庭蕴藉含蓄，毫不张扬，精致的格栅透射外面的美景，如诗如画。整个空间围合成一个天井，庭院内高大的古树从庭院穿出，别有一份韵味。

高层样板房廊庭：庭院围绕一片跌水水景精心安排了一条场景丰富的梦幻动线，虚实结合，移步换景。从销售

中心出来，曲径通幽，穿过茶条槭林，进入回廊，串联两户高层样板房。廊下空间植物丛生，百花齐放；穿出廊架，再踏上水上栈桥，从水中飘过，回到水中下沉卡座，趣味无穷。

室内设计

室内设计延续别墅建筑外部的线条风格，设计师以水平垂直线条为构架，打破传统空间形式，巧妙运用通透延伸的视角概念，通过大块面小切割成面的设计手法，创造一个实用灵活的居住空间。

客厅：客厅的线条色彩以白色为基调，黑色为中心，与光影相会，成为空间装饰的重要手段。一幅钢珠拼合的简约城市挂画充满现代生活的立体质感，与中央的圆环金属吊灯相互映衬，形成富有力量活力而不生硬枯燥的空间氛围。

餐厅：整体的空间划分不局限于硬质墙体，而是更注重会客、用餐、品酒等功能空间的逻辑关系。餐饮空间与客厅覆盖在共同色彩氛围里，相互渗透，同样以层次感的立体结构挂画呼应客厅，通过家具、吊顶、地面材料合理化空间的划分，充满兼容与流动性。

主卧：卧室的设计承接客厅的色彩风格，休憩空间和工作功能的书房通过屏风分隔，采用简洁的造型、完美的细节营造出现代生活气息。背景墙以纯净的象牙白为色调，附以幽雅的立体雕花，表现出设计师对空间设计的灵活把控与生活共融。

书房：地球仪、天文望远镜、城市地图的挂画，透露出居住者理性而丰富的生活追求。

客房：以高级灰为主调，主幅配与朦胧的印象派画作，为宁静的卧室气氛增添了一份高贵与典雅，理性与感性的和谐共处。

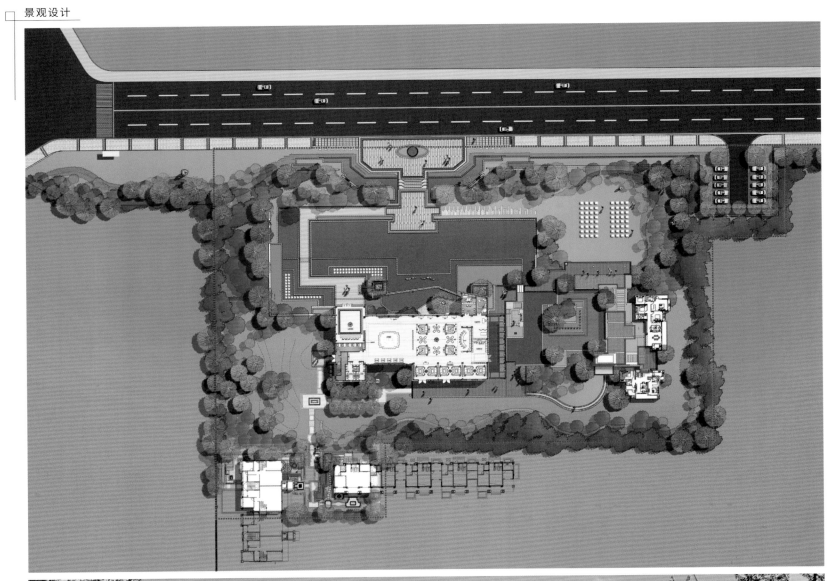

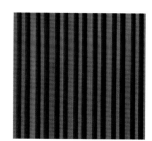

1 仿木格栅

2 铝板

3 钛锌板屋面

材料应用说明 仿木格栅代替外墙的设计，让室内外有了视线上的延伸，拉近了室内空间与室外景观之间的关系。

院子里的江南

北科建泰禾·丽春湖院子

开发商：北科建集团、泰禾集团 ┃ 项目地址：北京海淀区沙河地铁站南 800 米

占地面积：78 813.75 平方米 ┃ 建筑面积：175 755.14 平方米 ┃ 容积率：1.05 ┃ 绿化率：30%

主要材料：石材、木质、铜、不锈钢、铝板等

　　"仁者乐山，智者乐水"，人们对水景住宅的喜爱由来已久。选择亲湖居住，一方面可满足居住者崇尚自然、返璞归真，偶尔逃离世俗的生活需要，另一方面，这也是人们追求个性化生活的新风尚。泰禾·丽春湖院子就这样应运而生。

　　作为京城新中式别墅市场的典范作品，泰禾·丽春湖院子以绝佳的区位优势和稀缺的湖景视野，以及成功落地的全周期服务体系，成就高端墅居物业的价值标杆，也成为诸多品质人群的不二之选。该项目融合中式风格的美学神韵与新古典主义的比例尺度，打造了现代与古典结合的高端墅居。作为院子系的升级产品，丽春湖院子既承续了"院子系"的恢弘气势，又融入江南园林的婉约，是北京难得一见的江南主题新中式纯墅院落。

Tahoe 泰禾 ┃ 院子系

区位分析

丽春湖院子地处西北五环，地段优势突出。该项目南临沙河水库，西靠百望山，与滨河森林湿地公园隔湖相望，且位于北中轴新风大系统"气源口"——马池口新风通风廊道，生态系统自然天成，拥有打造高端别墅产品的先天条件。其所处区域的未来规划为高新技术企业、上市公司以及高新技术人才的聚集地，体量相当于3个中关村，定位于"中国创新之心"，未来产业价值发展空间巨大。

规划布局

丽春湖院子运用中式院子胡同街巷的规划理念，产生一种新式、高效、节省土地的模式和产品设计。该项目以合理利用土地、别墅产品最大化为宗旨设计，利用道路规划把地块分成南北两个部分，将两种业态分隔开。北侧布置叠院产品，南侧布置别墅产品，南低北高的布置更符合居住区规划应考虑的日照因素。南侧别墅部分中心区域布置小区的主力产品——独院；沿西侧代征绿地边纵向布置一排楼王产品——景观大院，沿北沙河河堤绿化及南侧代征绿地边横向布置一排楼王产品——临水大院。各种物业类型通过传统中式的街巷有机的结合起来，形成既分隔又贯通的高品质宜居社区。

建筑设计

丽春湖院子采用泰禾较成熟的新中式风格，秉承"大道从简"的理念，以最简练的语素充分展示了传统文化与建筑相结合之美，萃取新古典主义建筑的端庄与典雅，融合中式建筑的精美和底蕴，遵循均衡、比例、节奏、尺度等构图逻辑和艺术美感，契合现代生活需求以及建筑实用性。材料选取上，檐口线条采用铝单板压制成品造型干挂；独院、大宅、叠院外立面采用石材干挂，顶层采用高耐竹丝板。

景观设计

丽春湖院子以"院子里的江南"为主题，在整体布局和景观打造上将江南风物、景致尽藏坊巷之间，借鉴"十二则例"造园技法打造"五坊八巷"。其中，"五坊"取五种江南风物"红菱、锦鲤、碧荷、紫笋、青梅"成境；"八巷"取江南八景"朝飞、暮卷、云霞、翠轩、雨丝、风片、烟波、画船"入画。依托自然景观优势，丽春湖院子还打造了"柳浪闻莺"、"桃红柳绿"、"杏花春雨"、"平湖秋月"等丽春五景。

示范区景观设计取意"万园之园"圆明园，用亭台、假山、清池、绿树、繁花，营造了"山高水长、蓬岛瑶台、别有洞天、万方安和、武陵春色"五重主题景观，在营造江南水墨风韵的同时，也融进了北方的威仪与气势。

室内设计

售楼处：售楼处室内设计以中式风格为基调，讲述了一位游者出游山水之间的整个过程。整个空间分为前厅接待、弧幕媒体室、工法展示区、沙盘展示区、水吧服务、客户洽谈区。进去前厅，两侧仪式感的柱式支撑起整个挑高空间，天花上空的装饰大灯大气磅礴；模型区的挑高空间和前厅相呼应，整个地面石材选用黑色，倒映出空间的山水意境。

南独院：南独院设计风格为东方摩登风格，以中式海派为基调。在空间处理上尽可能地开敞，客厅、餐厅、厨房的连通，下沉庭院、起居室、茶轩的联动，彰显独院风范。客厅墙面根据丽春湖的地貌景观定制山水云纹壁纸，与自然景致相呼应。整体软装突出东方摩登文化，皮质与金属的细节搭配，与硬装造型相得益彰。

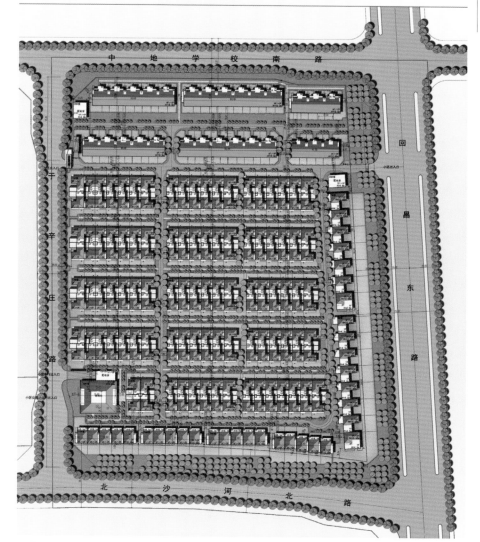

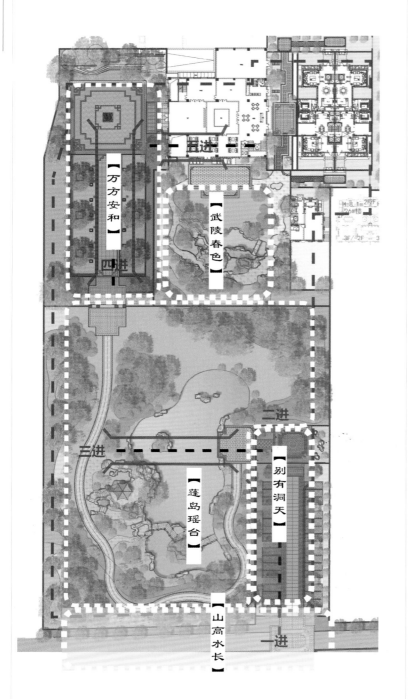

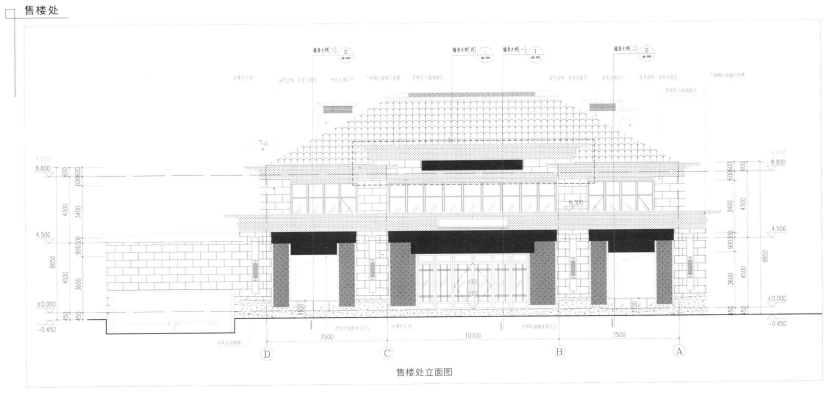

售楼处立面图

① 葡萄牙米黄石材

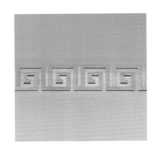

② 香槟色铜横梁

④ 不锈钢仿铜做旧屋檐

材料应用说明 铜黄色系的材料彰显皇家风范，搭配米白色石材又不至于过于奢华，而显得清新自然。

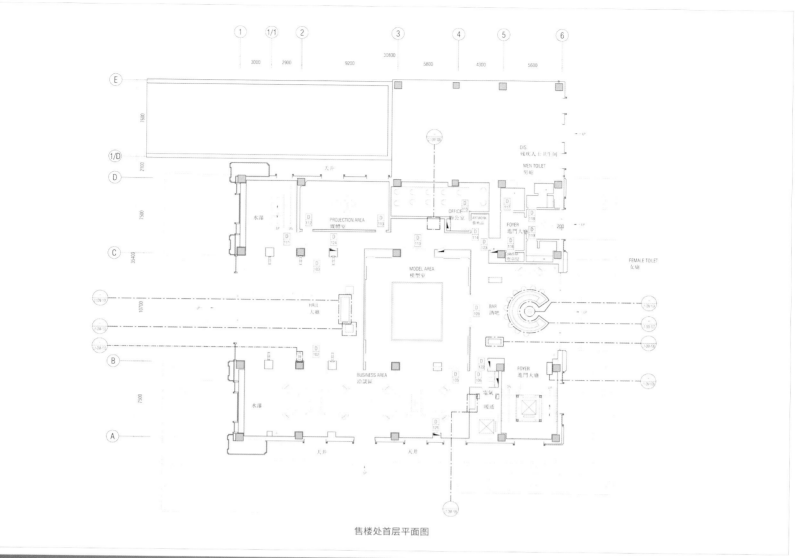

售楼处首层平面图

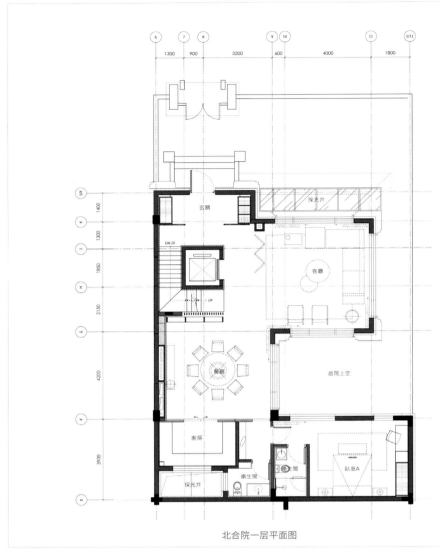

北合院一层平面图

北合院二层平面图

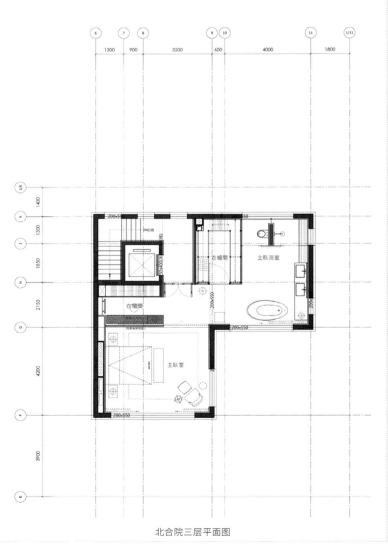

北合院三层平面图

岭南文脉 现代时尚

广州天河·金茂府

开发商：中国金茂 ｜ 项目地址：广州市天河区广州大道北 920 号

占地面积：92 200 平方米 ｜ 建筑面积：330 000 平方米 ｜ 容积率：2.6 ｜ 绿化率：35%

建筑设计：HZS 滙张思 ｜ 主要材料：铜、仿铜铝板、双层中空玻璃、石材、木材等

　　中国金茂用匠心铸造经典，其府系产品有口皆碑，作为中国第九座金茂府，广州天河金茂府奉行更高的府系标准倾力打造，从地缘价值到产品价值、从环境价值到配套价值，千锤百炼、精心雕琢尊贵的"九府之尊"。天河金茂府不仅满足居者对生活空间的无尽想象，更是金茂人文价值的传承和辉映，以金茂府系建筑的独特气质，结合岭南文化优秀传统以及地理特质，为这座岭南城市注入无限的活力。

　　该项目坐落于寸土寸金的广州中轴线上，毗邻森林公园白云山，充分利用自身的条件，在规划上侧重曲径通幽的布局，塑造了步移景异、庭院深深的豪宅形象。建筑设计上，项目提取经典的岭南元素，以现代化的材料语言呈现出来，打造"意趣不尽，与古为新"的高端住宅。

JINMAO 中国金茂 ｜ 府系

项目概况

天河金茂府定位为中国金茂府系高端住宅，位于广州市天河区广州大道北，属广州中轴北面的外延片区，西靠广州中心区森林公园白云山，北面有南湖公园，南临广州中轴线，距离天河 CBD 区约 15 分钟车程，周边各类配套完备，基地内部有大面积体育公园。

示范区设计

天河金茂府示范区充分利用项目条件，在规划上侧重曲径通幽的布局。示范区由精神堡垒处入口大门起，经由 4 道合计 330 米长景观道，围绕售楼处、绿金科技馆和样板房串联起 3 个合计长度 90 米的广场型空间，中间设置 5 道景观转换节点，塑造了步移景异、庭院深深的豪宅形象。

售楼处设计

售楼处以庭院式围合布局形成中式意味的空间氛围和府系产品的仪式感，并结合现代主义时尚生活与岭南文化地域精神，以西方建筑的表现形式以及现代化的材料语言构建奢华尊贵又不失文化传承的空间。

其室内空间通过一系列独特的构成元素，将自然元素和东方韵味融入现代风潮中。木制线条勾勒出自然光影变幻；原木的质朴粗粝与金属线条的细致碰撞出现代美学趣味；屏风、灯饰以及绿植苔藓的运用，通过石材与金属板映衬出明暗互动、虚实掩映的空间气质。

建筑设计

建筑设计提取岭南建筑的细部元素，同时融入第九座金茂府的传承，将这些符号进行抽象重组，以现代化的材料语言呈现出来，意趣不尽，与古为新。住宅的建筑立面同样提取了岭南建筑细部的元素，并与新古典主义的整体风格相融合，较古典简而不凡，较现代繁而不乱，两者的结合，既体现出奢华尊贵之感，又传承了传统的建筑文脉。

景观设计

项目传承了岭南园林轻盈通透的特性，结合"连房博厦"的建筑形式，四周古树环绕，内设游廊，九宫为骨，围院筑屋，形成倒"U 字形"的空间布局，建筑入口正对着公园，园中有院，远山近水，相映成趣。

样板房设计

样板房为定制精装修设计，为客户在风格、档次、色彩三个维度定制服务，实现产品溢价，在收纳空间、阳台种植花池、空气除湿等多方面实现产品创新。

143 平方米户型提供多种组合模式，满足不同功能需求，包括两人世界（主卧＋书房＋客房）、三代同堂（主卧＋儿童房＋老人房）、和二孩时代（主卧＋双儿童房＋老人房）。户型设计动静分离的生活空间以及一体化餐厨，另配生活阳台。此外，超大宽景阳台展示广阔的视野景观，并附赠空中菜园。

此外，天河金茂府样板房的每种户型均有"绚丽风格"和"典雅风格"两种装修风格可选。其中，绚丽风格 设计灵感主要源于国际知名奢侈品牌爱马仕，秉承极致绚烂的设计理念，造就优雅的传统典范。一室设计保留艺术的精髓配以趣味性的元素，以历史、文化与艺术为基础，以大胆鲜明、创新的手法去演绎优雅的风格，同时加以完美的细节和恰当的木材镶嵌装饰，成就一种充盈于心灵之中的尊贵感受。典雅风格则融合时尚奢侈品牌 Bottega Veneta 主题，演绎出奢华的展示空间，把时尚与家融合到一起，从而呈现出低调、艺术、富有品质感的生活空间。完美的比例，丰富的细节，演绎着世间最美好的传承，赋予样板房全新的生命力。

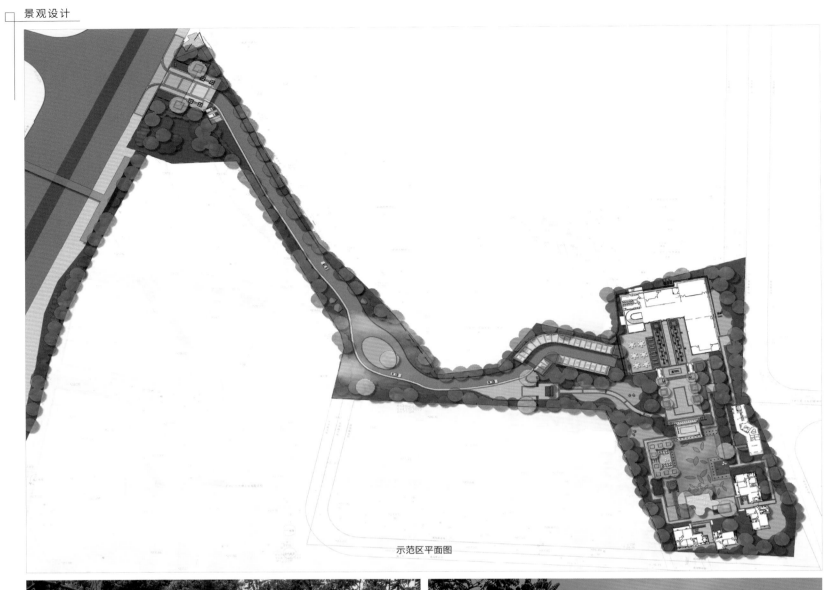

示范区平面图

售楼处立面图

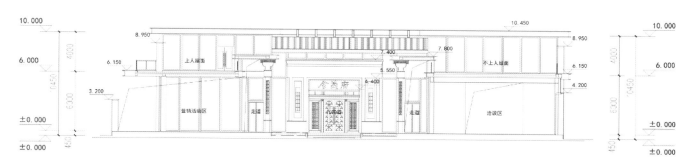

售楼处剖面图

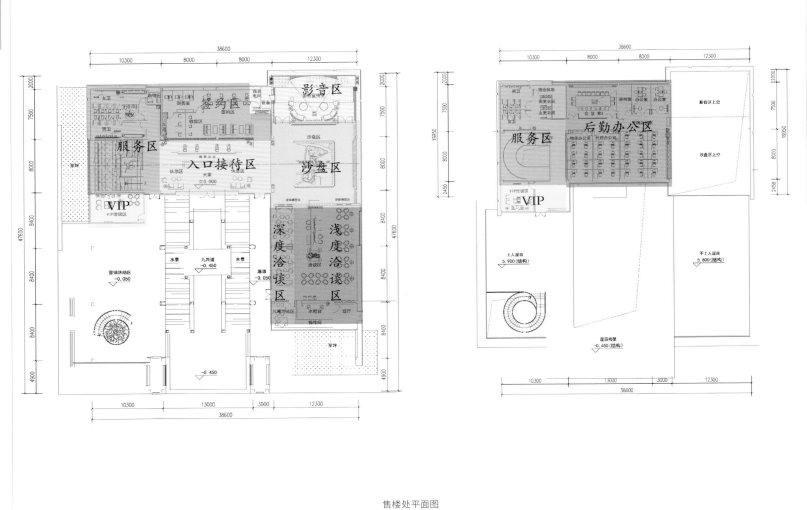

售楼处平面图

① 亮铜

② 仿铜色铝板

③ 铜板

④ 仿铜色雕刻铝板

材料应用说明 | 设计师用有色金属和高档石材对结构进行更新，运用折衷主义的手法打造皇家尊贵感。

⑤ 仿石材地板砖

⑥ 成品壁灯

⑦ 双层中空玻璃

⑧ 金鸡麻花岗石

材料应用说明 售楼处室内多采用石材、木材等体现天然质感的材质，配合诸多彰显品质的细节处理，在奢华与内敛之间寻求最佳平衡点，富有东方韵味。

① 仿石材地板砖

② 火烧面花岗岩

③ 卡齐诺金石材

④ 木质装饰

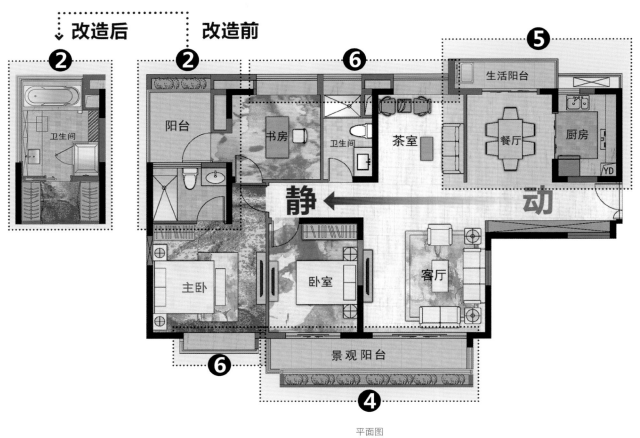

改造后 改造前

❷ ❷ ❻ ❺

卫生间 阳台 书房 卫生间 茶室 生活阳台 餐厅 厨房 YD

静 动

主卧 卧室 客厅

景观阳台

❻ ❹

平面图

一平方公里的城市理想

北京 **北京·金茂府**

开发商：北京鎏庄房地产开发有限公司 ∥ 项目地址：北京市丰台区宋

占地面积：118 900 平方米 ∥ 建筑面积：261 000 平方米

建筑设计：北京三磊建筑设计有限公司 ∥ 景观设计：深圳奥雅设计股份有限公司

示范区室内设计：赛瑞迪普空间设计有限公司 ∥ 主要材料：仿铜金属、不锈钢、花岗岩、皮质、柚木等

中国金茂旗下住宅共有"府、悦、湖、墅、湾、山"六大产品系，其中府系列是定位与品质最高的产品。在全国20座金茂府中，"北京金茂府"是唯一一座以城市命名的府系产品，这也是中国金茂"府城战略"转型后在北京的首个落地之作。

该项目以"一平方公里"为蓝本，以"人"的需求出发，打造最高品质的金茂府：在一平方公里范围内，参照纽约曼哈顿国际BLOCK街区化生活方式，将7块土地、8种城市功能整合为一个小型的"乌托邦"，为人们打造一个千步多维的都市生态圈，进而形成健康、绿色、可持续发展的城市生活机能体及城市修复、更新的崭新样本。

JINMAO 中国金茂 ∣ 府系

区位分析

北京金茂府择址三环要地北京三环、四环之间的石榴庄地区，是距离 CBD 核心区最近的成熟生活片区，距离国贸、华贸商圈大约 5 分钟车程。该项目凭借交通枢纽的优质区位，又坐享"新机场""南城计划"双红利，未来价值不容小觑。

示范区设计

北京金茂府示范区占地面积约 1 万平方米，石榴庄地区原为皇家石榴园，清代专为清宫供送石榴，因此得名。中国人自古视石榴为吉祥的象征，有"千房同膜，千子如一"的说法，这使石榴庄更具祥瑞之意。三磊团队提取石榴文化元素，结合传统府院特征，运用简洁现代的设计手法，形成前庭、侧院、后花园的空间结构。

售楼部设计

售楼部延续金茂府系产品简约典雅的优良基因，并在此基础上进行创新。建筑整体采用"至大中正，对称中轴"的设计理念，追求国际顶级豪宅的品质和美感。中国传统审美观中强调"虚实"结合，设计团队在室外空间与建筑实体之间设置过渡空间，加强建筑虚与实的对比呼应。建筑立面以浅米色石材为主，配以极具东方韵味的"铜"作为装饰，提炼精美的极简中式纹样，强调"中轴"的门廊设计，立式铜板沿轴线而立，强调韵律与秩序之感。

入口处，以手工打造的铜器与晶莹剔透的琉璃石榴籽相结合的"铜石榴"流光溢彩，彰显石榴园的一派皇家气概。沙盘展示区灯具如瀑布般一泻而下，层层影漫，恰如其分的平衡而有秩序，一如"中正"的概念。走廊上展示的雕塑艺术品为故宫俯视图，其圆形浮雕威严、肃穆、排列有序，为皇室的象征，也体现金茂府的极臻的品质。

步入浅谈区，墙上艺术挂画抢先映入眼帘，画面使用中国传统界画手法表达的宫殿与明代徐渭的石榴图，点题了皇家石榴园；不规则多样的沙发座椅配合以明亮的色彩搭配，与素净的背景形成对比却又不失协调，活跃空间氛围，创造丰富的空间层次；水吧区垂直悬挂水晶质感的圆柱形灯管，结合陶罐、木质的果篮，演绎一场传统与现代的对话，自然与人文的交流。

深洽区引入"客户会"概念，服务于高端客群的交流，大茶桌与洽谈桌多种使用功能互相辅助、转换，中间的长茶台的摆放，既保证了两组洽谈区的私密性，又可随时品茗。

儿童活动区的设计使用较欢快的色彩，黑板、帆船等元素的加入，仿佛是又回到了当年的课堂，梦想中的童年。

样板房设计

叠墅产品设计：叠拼产品实现上、中、下叠均享受独立入户，享有私属小院、私家电梯和独立地下空间，呈现独门独院、双玄关入户的独栋别墅感受。叠墅产品通过垂直分区手法，打造代际分层、动静分区、功能分区的科学动线和合理空间，针对老人、男女主人、孩子的个性化需求进行功能分层排布，在满足每个家人的独立需求的同时，兼顾全家庭共处交流及互动的空间，营造出别墅特有的生活方式。下叠户型的特色在于 6.85 米的挑空地下空间与南北通透的 60 平方米奢华主卧套房。

平墅产品设计：平层产品以多元化与灵活多变为设计宗旨，室内空间采用交融式设计，开创性地将西厨、餐厅、客厅和端厅相连，实现 12 米宽的超大尺度四维空间联动，保证更宽敞、更自如的交流空间。由于将传统客厅的位置进行改变，整个户型长达 9 米的南向采光面完全成为主卧套房独占的资源，而书房、卫生间也都能朝南。

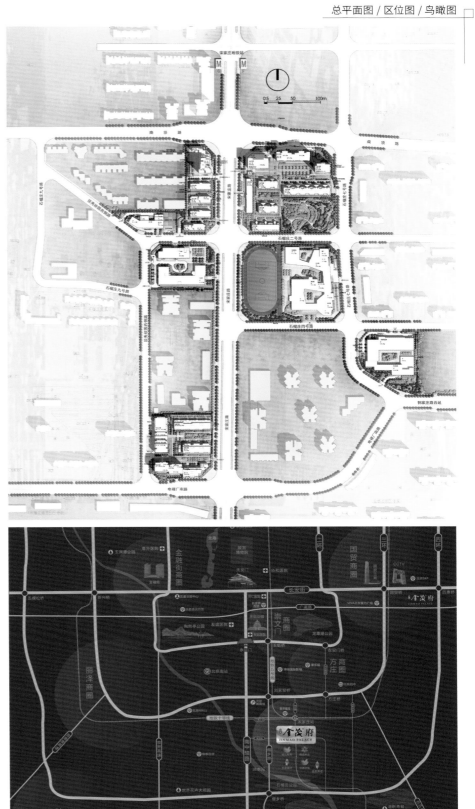

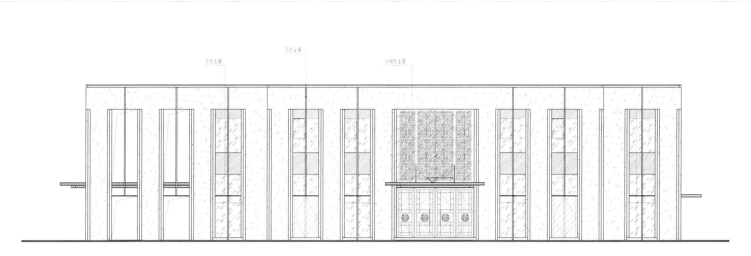

售楼部立面图

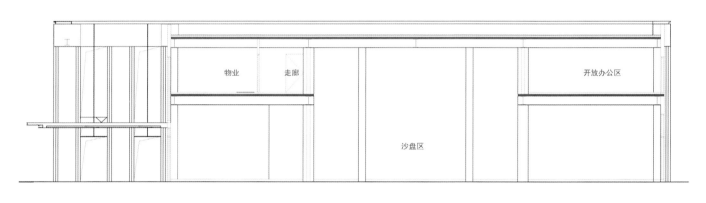

| 物业 | 走廊 | | 开放办公区 |
| 沙盘区 | |

售楼处剖面图

① 仿铜色金属

② 仿铜不锈钢挑檐

③ 灰色石材

材料应用说明 干净考究的石材从墙面延伸至地面，绵延不断、大气磅礴；仿铜色的金属与素色的石材形成强烈的对比，一黑一白、一素一浓，却又十分和谐。

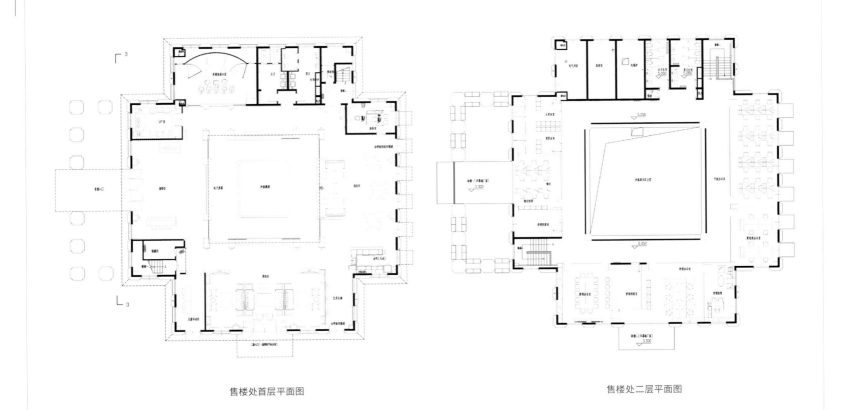

售楼处首层平面图　　　　　　　　　　　售楼处二层平面图

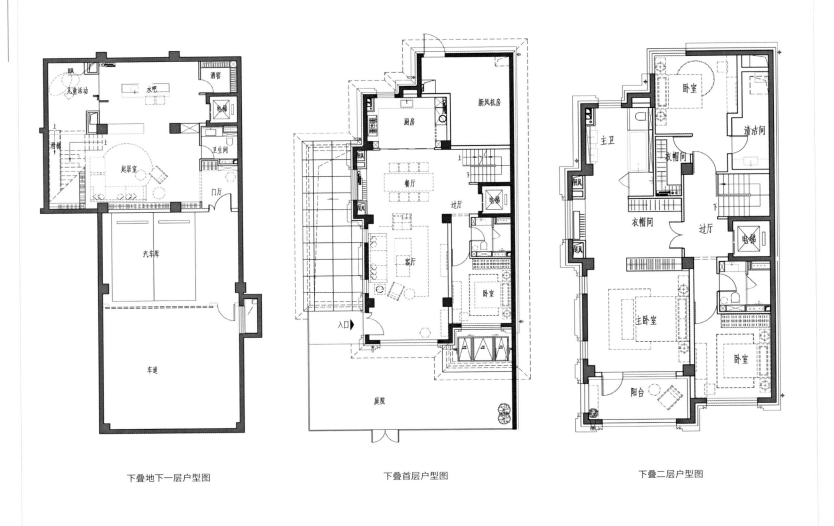

下叠地下一层户型图   下叠首层户型图   下叠二层户型图

苏式园林

苏州园林，

饱含中华五千年传统园林的精髓，

浸透古今文人志士的情致雅趣。

它强调自然融合、天人合一的的生态理念，

布局精妙，移步易景，别有洞天，

在不失传统韵味的气质空间中，

营造出最适合中国人居住的生活方式。

漫步园内，

或见"庭院深深深几许"，

或见"柳暗花明又一村"，

或见亭台楼阁、白墙黛瓦，

或见小桥流水、花草古木……

这是一处古韵盎然的私家桃源，

不出城郭而获山林之怡，

身居闹市却有林泉之乐。

宁波万科·海月甲第

红星苏州湾·天铂

苏州建发·独墅湾

苏州北辰旭辉·壹号院

苏州旭辉·铂悦犀湖

蓝光无锡·雍锦里

风雅别院 书香门第

宁波万科·海月甲第

开发商：万科集团 ‖ 项目地址：宁波鄞州区薛家中路

占地面积：49 900 平方米 ‖ 建筑设计：115 800 平方米 ‖ 容积率：1.6 ‖ 绿化率：30%

建筑设计：上海睿风建筑设计咨询有限公司

景观设计：奥雅景观设计有限公司

主要材料：木材、铝板、大理石等

　　每个城市都有属于自己的经典人居形制，它们是历经数千年时间沉淀之后城市的自然选择，同时也是这个城市最妥帖的居住形态。基于服务宁波十年的经验，宁波万科通过寻找宁波历史中的居住形制和文化根源，打造属于宁波的城市低密产品——甲第系。

　　作为甲第系首发之作，海月甲第在传承中国传统建筑精髓的同时，融合当地的文化风俗、居住习惯，以现代的技艺手法再现了宁波温润如玉的书香门第大家门风。项目立足于寻找宁波地域的坊巷空间记忆，给中产精英一个有深厚文化沉淀的居住空间体验。街巷的肌理构造，组织形态的体现，里坊的空间格局，保持了建筑的丰富多样与完整性，也延续了宁波地域文脉。

项目概况

　　宁波万科·海月甲第位于宁波鄞州区城市核心，且随着宁波部分行政区划的调整，已划归海曙区，打破别院往往偏安一隅的固有印象。项目周边不仅有机场路高架，还有环城南路高架畅达，规划中的环城南路西延段入口就在不远处。不仅如此，规划中的地铁5号线环城南路站也是步行可达，交通十分便利。

　　项目是万科甲地系的首发之作，由高层住宅和合院别墅组成，主力产品为L型170平方米合院别墅和130平方米高层公寓，客户群体定位为城市新中产阶层。

布局规划

　　整个别墅区规划梳理出了一条层次分明的归家流线，以"迎宾大道—组团街道—入户小巷"三种不同尺度及表情界面来解决乐高产品组团拼接道路尺度过小，难以识别归家流线的问题。在确保低密区域品质前提下，以主力L型170平方米户型为基础布置在别墅区的核心位置，并在入口中轴位置配置12栋资源最好的T型200平方米豪华户型，并在地块的两个斜边量身订做了适合地形特点的Z型165平方米户型，将地块充分利用。

示范区设计

　　示范区位于整个项目的中轴位置，是客户未来真实的回家之路，更是"六坊十二巷"的直接体现。设计团队通过对该空间的打造，展现未来宅院礼序生活。整个示范区将中式的意境与现代景观结合，其中既融汇了甲地世家所追寻的中正、对称的仪式之美，也有将风景诗意化表达的框景。

　　致中和的中轴对称，以及层层递进的六进华堂（入口广场—迎宾门厅—光影走廊—连廊巷道—四季庭院—私家小院）展现了东方人文的循序渐进、张弛有道，以及规矩与礼序。在空间的起承转合中，步移景异，如阅读一幅画卷般，徐徐展开，带来身体与心灵上的双重感悟。在不算壮阔的空间中，通过廊道、屏风、漏花窗、月洞门等设计，呈现丰富的景观感受。"山重水复疑无路、柳暗花明又一村"的景与境，也在此得到了体现。对景屏风、端景屏风等在示范区中的应用更打破了室内外空间的局限，作为室内外空间的交互，让风景交相辉映，浑然一体。

　　售楼处空间中，糅合了厚重质朴的印章，返璞归真的小品、饶富雅趣的写意诗画、禅意风骨的花艺，在相遇品赏中，仿佛与一位饱读诗书的雅士对话，令人赏心悦目，心驰神往。

　　建筑设计上，项目顺应目前简约中式及新中式的建筑潮流，追求形式上的去繁从简以及功能上的舒适为本。它并非是传统繁复的中式，而是以符合现代居住语境的形式，呈现简练静逸的居住风骨，讲究返璞归真的居住境界，契合现代人内心的渴望。

户型设计

　　别院的建筑面积控制在165-200平方米之间，却保持了舒适的尺度，拥有媲美传统大别院的空间格局。例如175平方米的别院，通过L型的空间设计，实现了双向采光通风；使客厅、餐厅，每个卧室都是面向庭院。地下结构空腔层相比一般的别院地下室高出许多，可根据主人意志，设置健身房、影音室、酒窖、棋牌房等，为家庭休闲空间；一楼为客厅、餐厅、厨房等纯粹社交空间；二楼、三楼则为全套房设计的休憩空间，3个套房且每个房间可以外连露台，不管是三代同堂还是二孩家庭，都可以宽适居住。

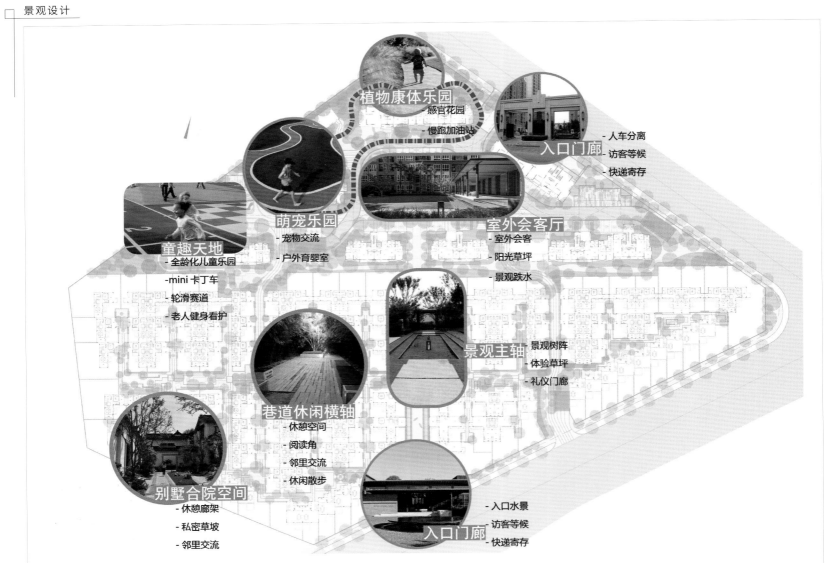

植物康体乐园
- 感官花园
- 慢跑加油站

入口门廊
- 人车分离
- 访客等候
- 快递寄存

萌宠乐园
- 宠物交流
- 户外育婴室

室外会客厅
- 室外会客
- 阳光草坪
- 景观跌水

童趣天地
- 全龄化儿童乐园
- mini 卡丁车
- 轮滑赛道
- 老人健身看护

景观主轴
- 景观树阵
- 体验草坪
- 礼仪门廊

巷道休闲横轴
- 休憩空间
- 阅读角
- 邻里交流
- 休闲散步

别墅合院空间
- 休憩廊架
- 私密草坡
- 邻里交流

入口门廊
- 入口水景
- 访客等候
- 快递寄存

银台

材料应用说明 景观的色彩和材质延续建筑的灰、白色调，木质的黑与石材的白形成鲜明的对比，使场面更加立体，细节更加丰富。

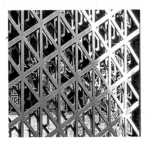
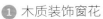

① 木质装饰窗花

② 木格栅

③ 仿木铝板

④ 云多拉灰大理石装饰画

材料应用说明 该场景利用天然大理石独自然独特的颜色、纹理以及质感，加上巧妙的艺术构思和设计，形成"山"的意象，尽显大气磅礴之美。

别墅一层平面图　　　　　　　　　　别墅二层平面图　　　　　　　　　　别墅三层平面图

当代园林 江南水韵

红星苏州湾·天铂

开发商：红星地产 ▌ 项目地址：苏州市吴江区开平路与夏蓉街交汇口

建筑面积：292 691 平方米 ▌ 建筑设计：水石国际

景观设计：上海易亚源境景观设计有限公司

主要材料：不锈钢、铝板、木材、大理石等

　　江南称得上是古典浪漫的发源地，典雅的苏州承载着所有人对江南的想象。这里没有大漠孤烟、金戈铁马，有的是山水小榭、亭台楼阁、十里荷花，有的是端庄秀美、温柔婉约、水袖张扬。苏州湾·天铂正是设计师对苏州印象的描摹，它表现的不仅仅是诗情画意般地精致，还是千年古城苏州的尊贵气韵。

　　该项目汲取新古典主义建筑文化的精粹，运用现代建筑的新语言形式，创作出标新立异的建筑形态特性，同时借鉴了古典园林起承转合的经典空间处理方式，为客户塑造了丰富的视觉体验，也是对地域深厚文化底蕴的现代传承。

项目背景

　　红星 · 苏州湾天铂位于苏州市吴江区开平路与地铁 4 号线的十字轴心上，开平路贯穿南苏州，轨交 4 号线贯穿苏州城，这条十字轴线集萃政府、金融、商业等苏州地标群，连接吴江、吴中、姑苏和相城。项目是红星地产在苏州的第二号作品，属于一个全新的产品系，该产品系只会用于红星地产最高端的物业产品，从设计理念到产品开发，都将是一次全方位的升级。

建筑设计

　　项目对传统的新古典主义构图的比例进行理解与简化，运行现代建筑的新语言形式，创作出标新立异的建筑形态特性，将观感之美与居住之美完美融合，打造宜居生活典范。建筑风格立足本土，融汇西方，镌刻中式文化韵味的时尚古典风格，并利用精美的装饰构件加上色彩的处理，配以多变的形体产生丰富的空间变化。

　　立面体系模数化：

　　建筑立面通过石材不同的肌理变化，巧妙地进行交接，形成丰富立面细节变化。立面设计模数化，既统一立面规格，同时保证立面的形态比例。

　　建筑形态错落有致：

　　通过高度、形态起伏、前后错落有致的设计手法，石材与铜两种材质的碰撞，既具有新古典比例特征，同时又具有强烈的现代气息。

　　别具一格的入口细节：

　　入口大门的精心设计，古铜色的质感彰显入口浓重的质感。建筑主体采用石材，局部使用铜，建筑细节丰富新颖，在新古典主义下打造别具现代特色的建筑风格。

景观设计

　　示范区景观以水的元素作为核心设计语言，在总体层面规划了 7 个环环相扣而又各具特色的主题空间。

　　潮流广场：主入口广场由大面积的水纹肌理铺装铺设而成，也提供了宽裕的集散空间。层叠而上的景观台阶衔接着镜面水景和水纹肌理的特色景墙，呈两翼逐次展开。精致的铜艺屏风和灯具的运用在细节层面强调了主入口大气、典雅的尊贵门户形象。

　　礼仪大堂：以层叠水景、铜艺花窗景墙、银杏树阵和景观大道为轴心，呈左右对称的格局，多层次、立体化地塑造出高规格礼遇的轴线景观。景观大道运用铜艺的镶嵌，将水纹肌理强化为具有引导性的定制铺装，彰显贵宾式的礼遇。

　　流瀑绘卷：运用场地的高差，后场水庭的水景在这里呈现为气势磅礴的飞瀑景观，结合宛若写意错落的古典园林的天际线，为售楼大厅呈现了一幅动感十足的画卷。

　　禅意茶庭：以中式元素"茶"作为核心载体，借鉴了枯山水的造景方式，依托建筑营造出一个静谧的禅意庭院。水韵的肌理也通过工匠手工打凿的方式，呈现为颇具创意的主对景墙。

　　河滨花园：优美的弧形园路、多层次的绿化组团、阳光大草坪，描绘了未来社区宜人的生态环境，传递了绿色健康的生活理念。休憩木平台和海洋主题游乐场地分别提供了欣赏河景和亲子游乐的场所，展现了未来社区的生活氛围。

　　星河连廊：源自苏州古典园林的造园方式，以连廊串联起水景、样板房建筑和绿化种植，曲径通幽、步移景异，让宾客在游园的过程中不经意间进行了样板房的参观。镂空的顶部格栅，源于对星河的模拟，无论是日光的投射还是夜景的照射，光影的巧妙应用均带来视觉的享受，为连廊赋予了浪漫的现代主义情怀。

　　缤纷水景：依托连廊和建筑，水庭在宾客行进过程中设置了不同尺度的休憩空间，感受不同的滨水体验，也为样板房提供了舒适的户外客厅。

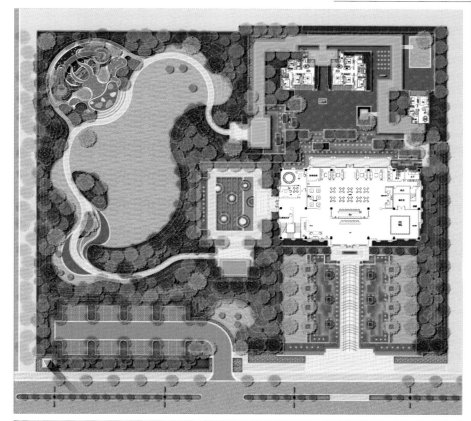

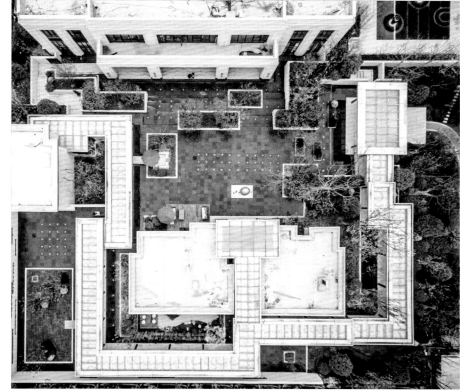

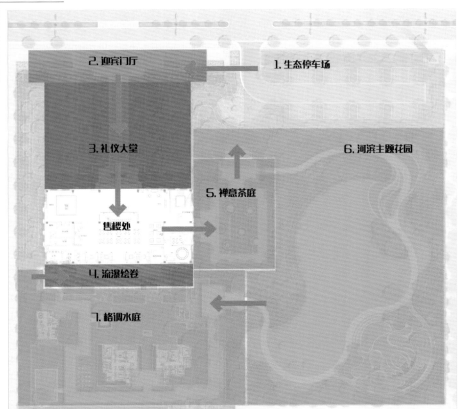

1. 生态停车场
2. 迎宾门厅
3. 礼仪大堂
4. 流渥绘卷
5. 禅意茶庭
6. 河滨主题花园
7. 格调水庭

售楼处

材料应用说明 铜艺技术在本项目的应用十分广泛，无论是延续水文肌理的各种灯具、塑造迎宾礼遇的门户屏风，还是精雕细琢的镂空花窗以及富有创意的星河连廊，都让整个示范区呈现出高端的艺术品质。

1 仿铜不锈钢

2 仿铜雕刻铝板

3 仿铜拉丝不锈钢

4 青龙山大理石造型

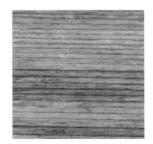

5 原木地板

6 黄锈石石材造型

材料应用说明 石材"硬朗"，木材"婉约"，石材与木材结合，既破除了木材的古旧沉闷，也中和了石材的冷硬，达到中庸平衡，如同君子温润如玉、坚如磐石。

东方院墅　园林精粹

苏州建发·独墅湾

开发商：建发房地产集团有限公司 ┃ 项目地址：苏州赏湖路和东方大道交汇处
占地面积：224 623.6 平方米 ┃ 建筑面积：490 000 平方米 ┃ 容积率：1.5 ┃ 绿化率：35.03%
建筑设计：上海齐越建筑设计有限公司 ┃ 景观设计：山水比德园林集团
主要材料：木质格栅、灰色石材、鹅卵石、汉白玉等

　　苏州建发·独墅湾集萃了中国传统造园精华，在有限的空间里为现代都市人营造复归自然的居所，实现了东方审美中人与自然、自然与生活的融合，同时引入对当代人居的深度思考，打造出符合当代生活需求的东方院墅，是新中式院墅的典范。

　　该项目深得苏州园林真意，取法四大苏州园林的经典元素，融汇千载精粹于园中，成为新东方园林的经典之作。月洞门、渔隐亭、曲桥等多重景观小品，围合成妙趣横生的游园路线，令人流连忘返。整体建筑规划以三晋门仪，呈演儒、道、禅三重境界，复现中国千年望族风范，打造出一座符合当代生活需求的东方院墅。

建发房产 ｜ 高端系
打造钻石人生

区位分析

建发·独墅湾位于苏州赏湖路和东方大道交汇处，是苏州独墅湖板块最后一个地王，北临独墅湖，西接独墅湖生态公园，尽揽一线湖景风光，生态资源极其优渥。同时，它也是2号线上的地铁房，交通便利。

定位分析

项目定位为建发房产高端产品系，打造新中式院墅小区。其示范区是体现楼盘气质、彰显企业理念文化的焦点区域，因此以"外儒内禅"为核心命题，顺应总体规划的轴线承转，以苏州古典园林为蓝本，结合现代规划意念，筑造三进庭院，步步递进，层层渲染，重塑当代归家门仪。

建筑设计

建筑造型设计基于对中国古典建筑文化的研究，小区大门整体布局出自于古典阙门，庄重大气。书院（售楼处主体）造型采用演绎后的重檐庑殿，用现代的手法体现了传统的意蕴。由于小区规模较大，为增加识别度和趣味性，别墅部分的立面根据组团和产品略有差异，采用了新中式、民国风等多种组合，同种风格还通过材料的变化来增加差异性。建筑造型的细部设计中，传统文化符号贯彻始终，如栏杆、雀替和回纹。外立面材料采用了卡齐诺金和德黑兰石材、铝板和多彩仿石涂料。在项目落地过程中，部件样品经过1:1尺寸的多方案研究比选，保证了完成效果。

示范区设计

示范区以苏州园林为蓝本，结合现代的造园工艺，运用框景、对景、漏景、夹景、透景、障景等设计手法，力筑一座具有文人情怀与气息的园林。

诸子书院大门口两侧的一对罗汉松，高达4米，造型考究。罗汉松身后是巍峨的苏州御制大门，面宽75米、高达8米，其中主殿青铜门以9×9的格式排布了81个门钉。豪门的设计参考了故宫太和门，分为主殿和左右阙楼，以中国传统形制最高的大门，再现王侯将相、世家大族的规格仪制，重塑当代归家门仪。

穿过诸子书院大门进入二进院，诗文题刻、匾联书画等与园内的建筑、山水、花木自然和谐地糅合在一起，其营造的园境之淡泊，园意之深邃，非身临其境无以形容。

圆拱门状的月洞门源于苏州古典园林、世家大宅中的典型元素，是整座书院的一个分水岭，既为出入路径，又自成一道风景，以小见大的手法连贯南北造园精华。透过门洞可窥得另一侧景观，外部是威严的大门，内部是秀气的园林，若隐若现，露而不尽，韵味无穷。

步入游园廊，廊腰缦回，五步一楼，十步一阁，蜿蜒曲折，取法四大园林迂回之妙。一折假山对景、二折廊整体景观、三折廊始见静心斋，行走之间，移步易景，在层层廊柱的切换中如同浏览画卷，将书院中的叠山理水尽收眼底。

湖心渔隐亭借鉴网师园的传统禅味意境，以水为中心，湖面、直曲小桥、凉亭、假山、竹子等自由组合，一框一景，变化万千，让人尽享山林间的闲雅意趣。其中，六角攒尖亭由香山帮的七旬老师傅纯手工打造，匠心独具。

户型设计

项目产品主要为14-18层高层产品，面积为100-130平方米，叠加产品为135-195平方米，类独栋产品约310平方米。样板房采用新中式室内设计风格，在现代居住方式和设计手法的基础上糅合中式古典元素，如工笔花鸟壁纸、格栅背景墙和间隔、新中式家具等，与示范区经典的山水园林相得益彰。

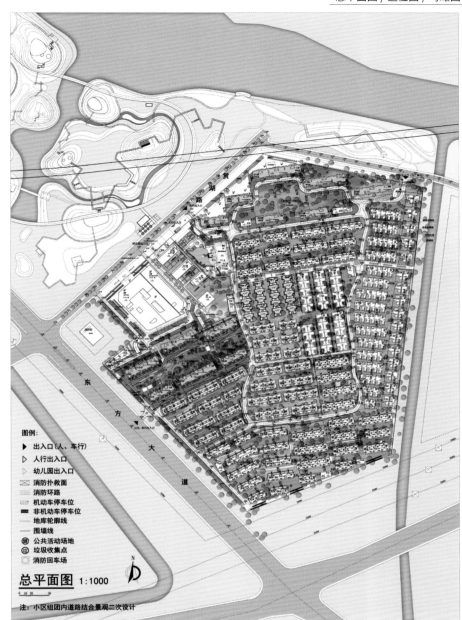

总平面图 1:1000

注：小区组团内道路结合景观二次设计

图例：
▶ 出入口（人、车行）
▷ 人行出入口
▷ 幼儿园出入口
消防扑救面
消防环路
机动车停车位
非机动车停车位
地库轮廓线
围墙线
公共活动场地
垃圾收集点
消防回车场

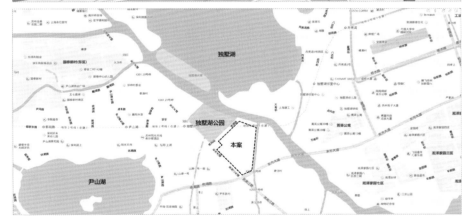

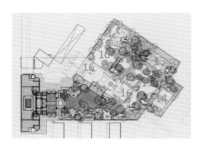

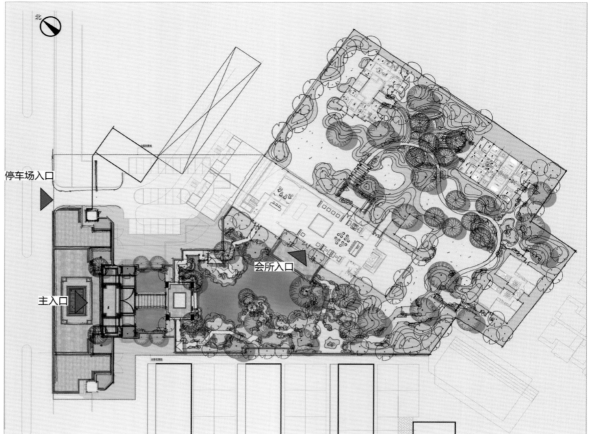

1. 入口广场
2. 小桥卧波
3. 月到风来
4. 粉墙低垭
5. 翼然亭
6. 花影扶疏
7. 绿树怡神
8. 雾失楼台
9. 板房区入口
10. 阳光草坪
11. 枯山水景观
12. 高层板房庭院
13. 叠拼庭院
14. 别墅庭院
15. 植物园
16. 下沉庭院

① 木质格栅　　　　② 青石仿古面石材　　　　③ 造石地面砖　　　　④ 仿铜不锈钢雕花

材料应用
说明 ‖ 月洞门是苏州古典园林的典型元素，石材的运用给予其威严的气质，两旁的
木质格栅又为其增添了几分秀气，苏州园林的大气尊贵与婉约精致皆现于此。

① 木质横梁

② 木质廊柱

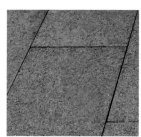

③ 石材砖

材料应用说明 游园廊的设计取法四大园林迂回之妙，将苏州园林的蜿蜒曲折之美展现得淋漓尽致，木材的大量运用，更为其营造了一个古色古香的氛围，身临其境，仿若时空穿越。

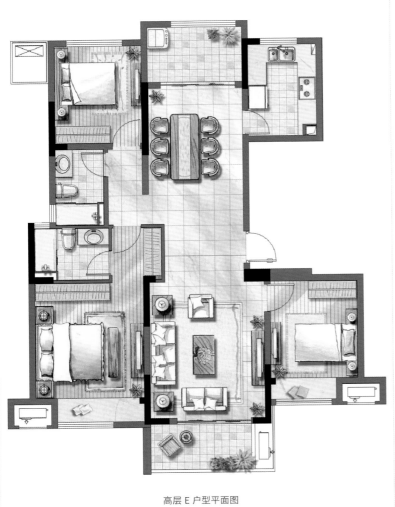

高层 E 户型平面图

致敬姑苏千年院落情

苏州北辰旭辉·壹号院

开发商：苏州旭辉 ┃ 项目地址：苏州市白马涧景区华山路 555 号

占地面积：178 686.80 平方米 ┃ 建筑面积：270 843.26 平方米 ┃ 容积率：1.01 ┃ 绿化率：30.26%

建筑设计：上海天华建筑设计 ┃ 室内设计：深圳市尚石设计、上海牧笛室内设计 ┃ 景观设计：山水比德

主要材料：穿孔铝板、大理石、仿古铜不锈钢、竹、复合钢板、玻璃等

有人说：苏州是一幅双面绣，一面是古老传统的文静婉约，一面则是时尚洋派的魅力四射。北辰旭辉·壹号院在这得天独厚的山水人文和悄然兴起的别样繁华中，也可肆意切换，进则喧哗闹市，退则幽静青山。

该项目秉着向姑苏千年院落传统致敬的理念，并结合现代设计观念，采用新苏式建筑风格，色调沉稳大气，既传承传统建筑美学，又赋予时尚韵味。景观打造上，该项目以苏式园林文化为底蕴和创作基调，提炼"江南山秀"为表现的文化符号，以现代设计手法，传承苏式山水气韵，演绎江南传统园林意境。

CIFI GROUP 旭辉集团 ┃ 壹号院系

区位分析

北辰旭辉·壹号院位于华山路与建林路交汇处，向东沿华山路直达新区核心，向北距太湖大道仅1.3千米，临近中环，通达全城，西接鹿山，东南望白马涧龙池景区，三面环山，饱览无限风光，环境清幽，体验惬意的居住感受。

规划布局

项目规划为以联排别墅和花园洋房为核心产品的改善型低密度社区。项目基地分为南侧大地块和北侧小地块，规划格局力求将观景面最大化。南侧大地块整体格局采用西高东低的布置方式，东侧布置小高层，有利于塑造起伏的天际线，北侧布置洋房产品，其余区域布置低层产品，保证小区不同区域住户都能拥有一定的观景空间。北侧小地块以中低端低层产品为主，结合示范区打造山清水秀的景观格局。

建筑设计

项目设计以环境和景观与人的和谐来组织空间，打造"山水聚落，生态院城"的规划愿景，采用围合院落的建筑布局方式，单元设计贯彻"以人为本""尊重自然"与"可持续发展"思想，以建设优质居住空间环境为规划目标，创造一个布局合理、功能完善、交通便捷、环境优美的现代社区。

住宅的立面风格采用新苏式主义风格，即保护自然人文景观，延续地方文化，适度引入现代文明，让新旧文化和谐共生，苏式文化衍生贯通。设计积极探索使用新技术和新材料，用现代的方式演绎和传承传统建筑。设计通过对比例、形体关系、色彩和材料等的控制，对传统建筑构造和建造方式进行研究和演绎。在立面形态上营造出传统中式建筑的意向和联想，同时避免过多的符号和复杂手法。青砖黛瓦，白墙木构，就地取材，呈现材料原始肌理。

售楼处设计

售楼处室内设计在原生态的建筑表现形式的基础上，以中式特有的移步异景布局手法，采用中式传统文化题材，以原木、山脊、流水为主要线索贯穿空间。前厅艺术吊灯以古典建筑的梁椽结构为原型、大堂装饰吊灯以漂浮的云朵为设计原型，木的张力、云的婉绵都是对原生到新生的全新定义。

空间布局上，大开大合，整个动线明朗有序，采用一步一景、步移景生的表达手法，引人入胜，渐入佳境。

内饰的选择以木为主，棉麻、皮质、水晶等元素相互碰撞，并以铜的质感提亮空间，传递一种自然而然的尊贵感，营造时尚与自然完美结合的同时兼备现代与传统禅意融合的缩影，更是凌空于都会的避世胜地。

样板房设计

天峦墅样板房：天峦墅样板房汲取新中式设计的精髓，结合现代设计的特点，打造精致典雅、人文苏式的当代室内风格。运用东方美学的元素，以直线的点面为基本形式，采用现代风格的创作手法，营造出时尚雅静的空间氛围，嘈杂被过滤掉了，只留下一室宁谧、如诗的余韵。

云栖墅样板房：云栖墅样板房采用轻奢典雅的港式风格，墨绿元素贯穿始终，装饰手法现代简约、色彩明快，有别于常规港式富丽的表现形式，清新典雅但不失轻奢品质。空间的充分利用是本案的出彩之处，超高地下室被改造为两层空间，夹层成为主人会客和品酒空间，阁楼则改为女主人的私属衣帽间，空间的合理分配成为了快节奏都市生活的休憩港湾。

材料应用说明 石材山门高耸，彰显庄重和威仪，仿古铜不锈钢的牌匾增添了些许古韵；铜制椒图两立，寓意归家路有神兽保平安。

① 仿古铜不锈钢

② 芝麻灰石墙砖

③ 圆孔铝板

④ 葡萄牙米黄荔枝面石材

材料应用说明 示范区入口明处展现了薄穿孔铝板假山、16 根狮子柱和叠落平水池；暗处则有着米色石材背景墙体和竹林。假山、石柱、叠水营造了一个古风盎然的静谧氛围，与太阳山的山路、森林相得益彰。

材料应用说明 复合钢板屋顶采用折板的处理手法，使整体富于变化。大挑檐屋面结合下方的木质平台，形成宽阔的半室外空间。木纹铝板的檩条造型由室外贯穿至室内，结合高透光的清玻玻璃幕墙，打破了空间界限，使建筑、景观、室内融为一体。

① 木纹铝板

② 复合钢板屋顶

③ 清玻璃

④ 原木地板

材料应用 说明 内饰的选择以木为主，辅以棉麻、皮质、水晶等元素，同时以铜的质感提亮空间，传递出一种自然而然的尊贵感，营造现代与传统禅意融合的缩影。

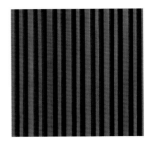

① 原木椅子　　　　② 棉麻坐垫　　　　③ 木格栅

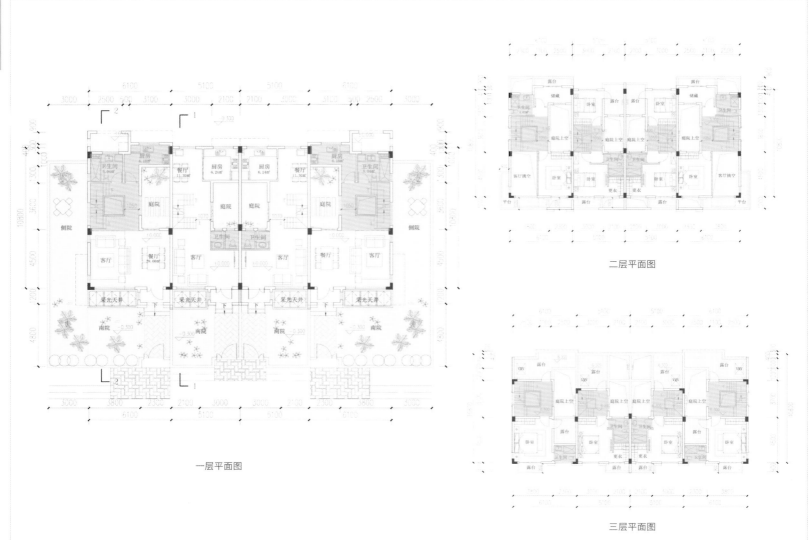

一层平面图

二层平面图

三层平面图

临湖而居 人文大宅

苏州旭辉·铂悦犀湖

开发商：苏州旭悦置业有限公司 ▕ 项目地址：苏州工业园区万寿街 168 号

占地面积：131 043 平方米 ▕ 建筑设计：218 653 平方米 ▕ 容积率：1.6 ▕ 绿化率：40%

建筑设计：上海日清建筑设计有限公司 ▕ 景观设计：成都赛肯思创享生活景观设计股份有限公司

主要材料：玻璃、石材、墙纸、木材、乳胶漆等

　　铂悦系，旭辉集团顶级产品线，发轫苏州，一面世即引起"一城所向铂悦府"效应。苏州旭辉·铂悦犀湖项目不仅承袭了铂悦系一贯的高端品质，更是秉着"铂悦之上再造铂悦"的态度从设计手法、空间流线、材料细节等多个维度做了全面的升级。

　　旭辉·铂悦犀湖是一座紧靠广阔湖面、因水生情的人文大宅，从诞生之日起就以湖为核心，确立了湖景大盘的设计核心。该项目以琴键的肌理描摹城市的天际线，以自由、平衡、爱、生活为主题打造园林景观，以奢侈精装品质定位其高层及洋房产品。此外，项目以苏州绢宫扇之形，演绎了兼具中国古典园林与浓厚艺术气息的高端游艇式文化会所，为苏州人们打造一座诗意的栖所。

铂悦系

区位分析

苏州旭辉 · 铂悦犀湖位于苏州独墅湖高教板块，独墅湖高教区万寿街与若水路交汇处，西靠独墅湖绝版湖景资源。独墅湖高教板块是以月亮湾商务区为代表的商业集聚区，包括独墅湖邻里中心、翰林邻里中心、鲜橙广场、文星广场等商业中心，而且区域规划文化休闲配套设施齐全，人文氛围浓厚。

规划布局

铂悦犀湖采用了高层和别墅组合的方式，在较低的容积率下保障了小区的品质。在地块北面沿湖摆放高层住宅，由低到高的排列不仅为城市的公共空间展示丰富的天际线，也使小区的住户能够最大限度的观赏湖景，享受绝版的环境资源，同时也给予地块内部相对独立的别墅区良好的日照条件，使整个规划泾渭分明、秩序井然。在小区中轴线北面的尽端，铂悦犀湖倾心打造了独墅湖片区独一无二的亲水会所。

示范区设计

文化建筑重要的是融入地域环境，使建筑本身像从土里长出来的、自然、非强加的，建筑应该与环境彼此依赖、彼此呼应，所以铂悦犀湖示范区呈现的是人工和自然之间彼此呼应相互冲撞的美。

建筑设计上，示范区以苏州绢宫扇之形演绎了兼具中国古典园林与浓厚艺术气息的高端游艇式文化会所。为了尽可能多地享受到湖景资源，会所主要功能被抬高至三层以上，进而也形成了首层独特的架空空间。同时，漂浮空中的露台采用弧形的延展面，把面湖的观景视野最大化，与之呼应的弧形大屋檐也增加了建筑本身亲水度假的属性。立面设计上，设计师秉承一贯"删繁就简"原则，在外立面加入大面积的玻璃和铝材元素，使建筑整体呈现琴键般的线条艺术美，同时又使整个建筑轻盈、通透又极富时代感。

示范区景观以自由、平衡、爱、生活为主题，水纹、诗意元素贯穿项目始终。入口水纹景墙、前场犀牛望月，体现项目国际化湖居景观特色。水中景亭、书本景观、爱主题雕塑，呈现诗意栖居的湖居生活形态。

样板房设计

高层样板房：户型格局方正，以色调淡雅的优质建材拼合出和谐的视觉效果，营造摩登雅致的现代生活氛围。

空中湖景露台：8 米宽、1.8 米进深的大阳台位于户型的北侧，阳台栏板采用全玻璃设计，让观景视线更加通透，给客户独一无二的观湖享受。

升级视野的大横厅：185 户型和 230 户型均朝观湖方向设计了 9 米宽的大横厅和 6 米宽的落地窗，使客户足不出户就可以欣赏美丽的湖景。

全飘窗设计：建筑开窗均为飘窗设计，采光更加充裕。此外，沿湖立面局部设计了转角窗，增加观湖视线。

别墅样板房：设计师以现代手法，融入时尚雅致的新中式元素，并透过细节处理展现质感，如水墨纹地毯、中式艺术吊灯和古铜钢屏风，让这座大宅到处弥漫着矜贵淡雅的中式意韵。

地下一层：大面宽采光井为户内居室带来充足阳光，而大空间的家庭厅为聚会带来无限可能。5.4 米层高宽敞舒适，并可局部做夹层以扩大使用面积。停车位可封闭为私家车库，尊享极致的私人领地。

一层：三面宽、大横厅朝南，采光极佳；南向私家花园，营造回家归属感；超大南北通中西厨、餐厅，成为家庭聚会的聚集点；户内设置独立电梯，提升使用品质。

二层：三房三卫，两套房，卧室全部朝南，套房南北通透，满足全户型结构的高品质居住需求。

三层：豪华主卧套间，全独立书房、梳妆、衣帽间、卫生间配套；大于 10 米全面宽朝南，全景朝南庭院景观视野，体现主人尊贵感。

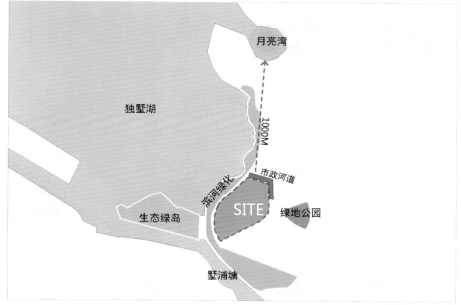

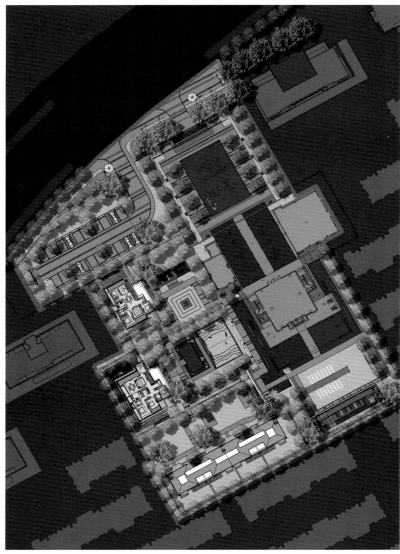

材料应用说明 玻璃墙的设计，一方面大幅度扩大了观景视野，另一方面又体现出轻盈灵动之美；基座采用石材，给人以稳重之感，与上方轻盈通透的玻璃墙形成鲜明的对比，却又相得益彰。

❶ 双层中空玻璃

❷ 蓝仓砂大理石

❸ 中国黑石材

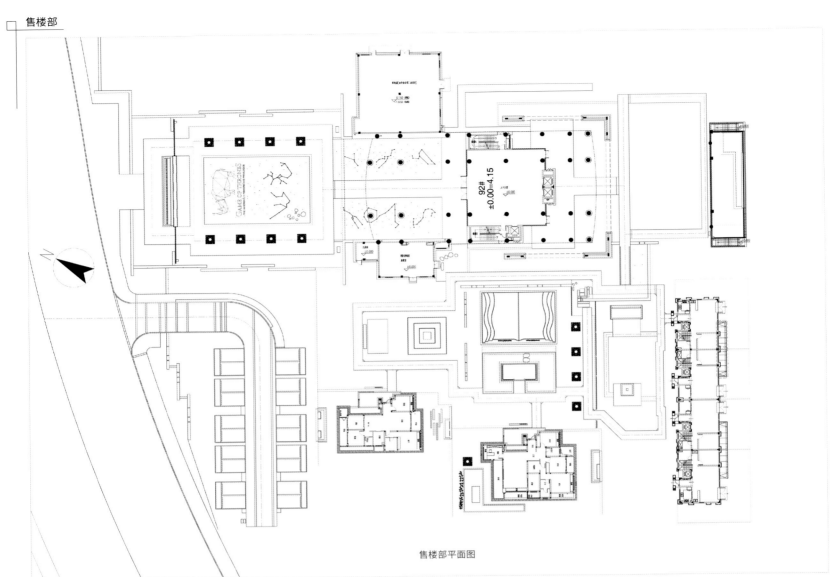

售楼部平面图

 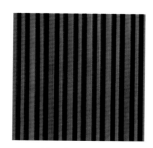  

1 中国黑大理石　　2 仿木格栅　　3 灯带　　4 灰色花岗岩

材料应用说明 木色格栅组成了矩阵般的空间，一条条光带间隔其中，仿若为人们打开了时空之门；嵌入石材的灯光倒影在水面上，像是琴键音符，在水面跳跃。

三层平面图

二层平面图

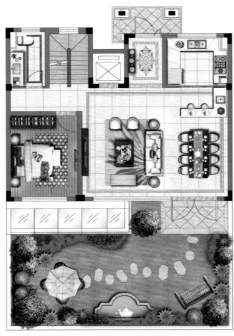

一层平面图

负一层平面图

270 度超阔观湖阳台，臻藏
一线湖景

ULTRA WIDE VIEWING BALCONY OWNS
YOU THE WHOLE LAKE VIEW.

或大飘窗、或大阳台，房在
景中，景在房中

A BAY WINDOW AND A WIDE BALCONY
INTEGRATE YOUR HOUSE IN THE LANDSCAPE

主卧套房，步入式衣帽间，
妆点生活的从容

A WALK-IN CLOSET LEISURELY IN THE MASTER
BEDROOM BEAUTIFIES YOUR LIFE.

设备平台

主卧、老人房、儿童房，三
开间朝南，全家人的阳光浴

WITH THREE SOUTH FACED BEDROOMS,
THE WHOLE FAMILY CAN PRIVATELY
ENJOY THE SUNSHINE AT THE SAME TIME.

南向 270 度观景阳台，瞰超
阔景观

WITH A SOUTH FACED VIEWING BALCONY,
YOU POSSESS A SUPER WIDE LANDSCAPE
EXPERIENCE.

185 平方米户型图

 ① 米白色大理石

 ② 纸质墙纸

 ③ 柚木地板

 ④ 乳黄色乳胶漆

材料应用说明 整个空间的选材以色调淡雅的优质建材为主，拼合出和谐的视觉效果，同时又以极具个性的墙纸营造摩登雅致的现代生活氛围。

现代江南新韵

蓝光无锡·雍锦里

开发商：无锡蓝光置地有限公司 ┃ 项目地址：无锡市锡山区东亭路和春鑫路交汇处

占地面积：79 472 平方米 ┃ 建筑面积：246 273.3 平方米 ┃ 容积率：2.30 ┃ 绿化率：31%

景观设计：HZS 匯张思

主要材料：铝板、木材、涂料

　　无锡是一座兼具悠久历史和现代文明的经济都市，巍然壮观的自然景观构成了无锡独特的园林城市风貌。蓝光无锡·雍锦里从细节处融合锡城深厚的历史文化，将锡城的古运河基调运用到建筑形式上去，同时结合江南水乡的情调，融入现代设计语言，为现代空间注入凝练唯美的中国古典情韵。

　　该项目采用现代典雅的立面风格设计，并汲取具有历史价值感的新亚洲风格建筑元素，还原具有风情感的生活场景，体现对传统居住文化的回归。景观秉承江南园林的神韵，融合现代景观构造手法，强调精致典雅的气质。作为蓝光Top系雍锦系产品，项目进一步挖掘豪宅产品的内在需求，为高端住宅注入传统文化与都市情怀，从而树立无锡新中式美学豪宅典范。

蓝光地产 | 雍锦系
—用心建筑生活—

区位分析

雍锦里位于无锡市锡山区东亭路和春鑫路交汇处，交通较为便捷，东亭北路转至锡沪路可直达无锡老城区中心，从东亭北路至快速内环上机场路到无锡硕放机场，周边拥有京润发、星叶生活广场、易买得、乐购等商业配套，生活配套齐全。

定位策划

无锡蓝光·雍锦里项目定位为蓝光旗下顶级 Top 系产品雍锦系，致力于打造无锡城市级豪宅，树立无锡新中式美学豪宅典范。项目包含 23 栋住宅和休闲特色商业，共两类产品，住宅分为高层和洋房。

布局规划

项目地块被现状河道自然分成两块，因此小区出入口分别设置在南北地块的南北两侧，使用地更加集约。高层住宅组团通过具有仪式感的建筑排布形成中心大花园，多层住宅组团通过层层递进的空间收放，达到小中见大、空间丰富、景观层次分明的效果。

景观设计

雍锦里融合了传统里弄文化，借鉴江南园林设计精髓，融合传统中式和现代工艺，打造新中式景观风格，营造出高品质的现代园墅居住社区。项目以"无锡新贵，传世名邸"的格调出发，在江南中式园林景观基础上，兼容现代简约设计手法，运用时尚、干练的线条，塑造现代简洁的景观层次和强烈的景观空间秩序。

建筑设计

项目的建筑风格旨在体现区域特色和文化底蕴，更要考虑现代生活的特点，提供一种一致、讲究、优雅的生活方式。项目结合现代元素与传统符号，将传统元素糅合进现代建筑的表情之间，适当运用局部坡屋面、本土建筑石材、简洁的线脚等元素，同时着力打造建筑细部，通过外墙线脚色彩的深浅、屋面、檐口、飘台等细节处理，形成简约经典的风格。

示范区设计

售楼处设计

售楼部秉承项目整体的新中式设计风格，提取江南传统建筑元素，如马头墙、坡屋顶、木格栅等结构，淡雅的黑、白、灰色调以及富有文化意味的纹案，以现代的设计手法对这些元素进行简化和重组，并结合现代材料去演绎，诠释出全新的江南风韵。

售楼部的室内结构现代简约，以中轴对称的空间布局呈现出强烈的东方礼序感，整体形成宁静、稳重、大气的空间氛围。流动纹理的石地板与无处不在的现代山水画相呼应，体现出"宁静致远"的文人追求。接待台的背景墙从古老的活字印刷术中汲取灵感，结合现代优雅的灯光照明，营造层次丰富的空间感。

景观设计

示范区打造出雍锦四景，各种造景手法相互融合，内外空间穿插有序，景深延续不尽。如一景"登第"，尊贵门厅追求质感，突显庄重大气；二景"入画"，后场节点空间曲折有致，在道路的端头与转角处辅以风格鲜明的精致小品；三景"追梦"，曲折幽径后的点景户外泛大堂；四景"隐士"，宅间庭院如梦似幻。

入口处设置了大片对称镜水面片石假山、古色古香的抱鼓石、对称的歪脖子松树、精致的石材雕刻、阵列的拴马柱，展现了尊贵仪式感。夜晚，涌泉、灯光交辉相印，静谧深邃。

景观节奏变化丰富，曲折幽深，从入口中庭的大气开敞，到售楼处后场的曲径通幽，再到样板房的玲珑别致，时刻在刺激着参观者的眼球，给予参观者应接不暇的视觉与空间体验。

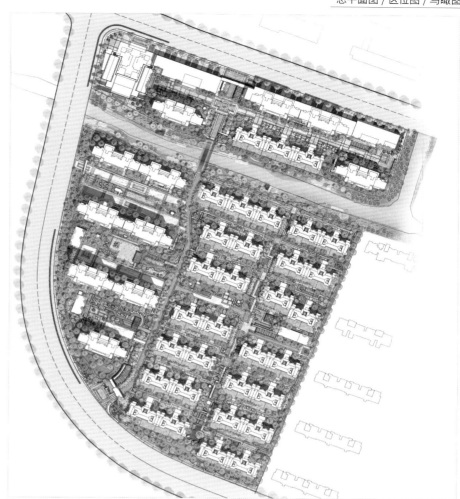

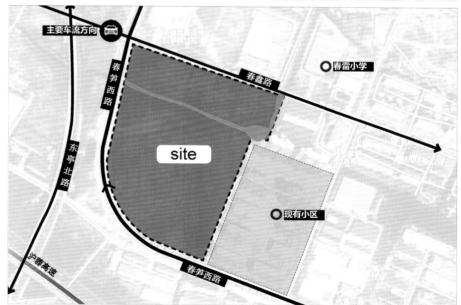

春 鑫 路

春 笋 路

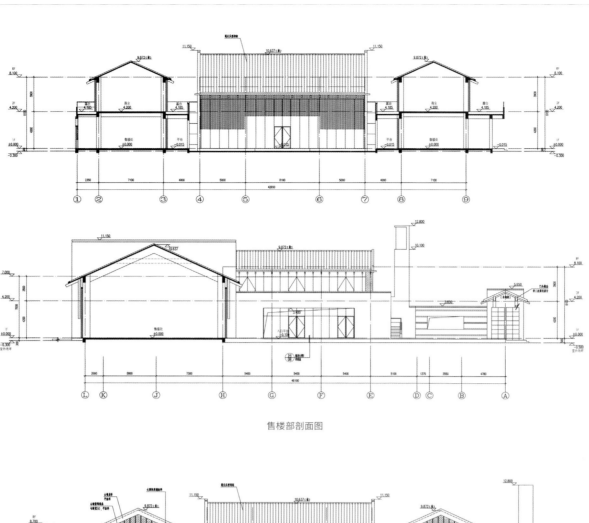

售楼部剖面图

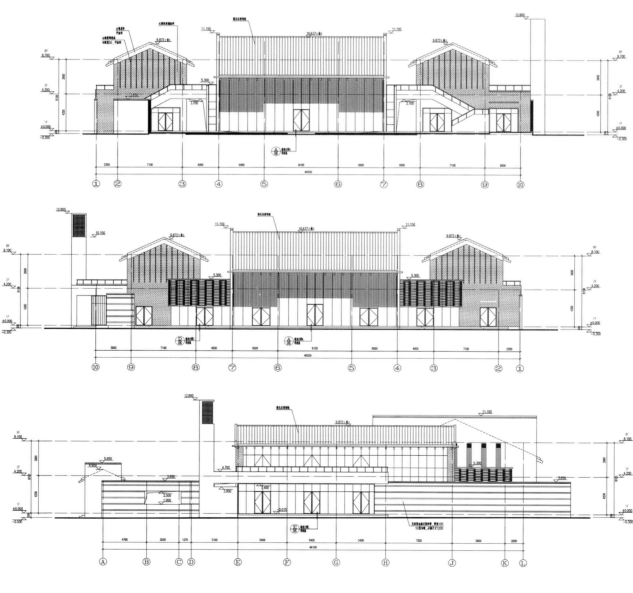

售楼部立面图

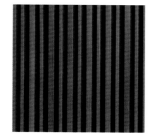 ① 装饰木条

 ② 通长压型铝板

 ③ 山墙屋脊深蓝平涂料

 ④ 咖啡色大颗粒涂料

材料应用说明 售楼处设计提取马头墙、坡屋顶、木格栅等江南传统建筑元素，以现代的设计手法对这些元素进行简化和重组，并结合现代材料去演绎，形成简约经典的风格，诠释出全新的江南风韵。

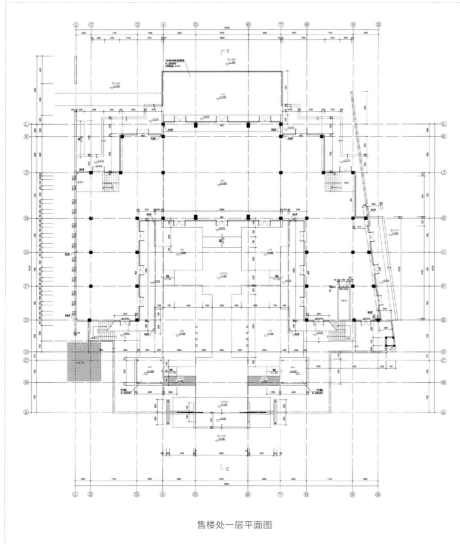

售楼处一层平面图

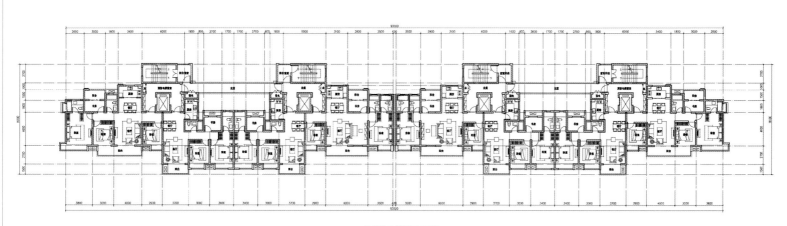

高层标准层平面图

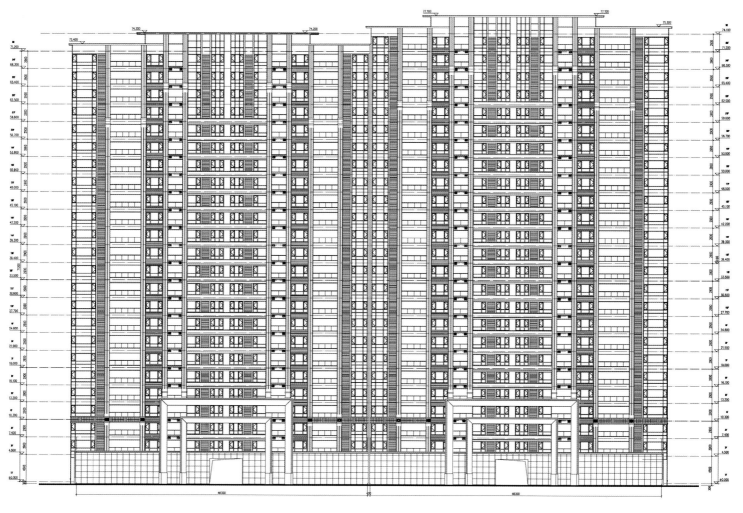

高层立面图

现代中式

现代中式建筑，

是不割断中国历史传统文脉的当代创新设计，

是对中国传统建筑的一种传承和发展。

它不仅很好地保持了传统建筑的精髓，

并且有效地融合了现代建筑语言与设计审美，

以现代之"形"体现传统建筑文化的"神韵"，

古今融合，历久弥新，

打造永不过时的东方美学，

呈现现代、简约、秀逸的空间。

身居其中，

可在诗情画意的风景里徜徉，

体会淡雅悠远的东方韵味，

亦可享受现代时尚生活方式，

获得舒心便捷的居住体验。

长沙龙湖·璟宸原著

重庆龙湖·昱湖壹号

重庆旭辉·铂悦澜庭

南京金地中心·风华

宁波金地风华东方

宁波金地风华大境

北京远洋·天著春秋

昆山北大资源·九锦颐和

新中式王府花园

长沙龙湖·璟宸原著

开发商：龙湖地产 ‖ 项目地址：长沙市望城区金星路与银星路交汇处

占地面积：122 268 平方米 ‖ 建筑面积：74 746 平方米 ‖ 容积率：0.61 ‖ 绿化率：62.1%

建筑设计：上海日清建筑设计有限公司

景观设计：上海易境景观规划设计有限公司

主要材料：仿铜铝板屋檐、木格栅、装饰石雕、乳胶漆

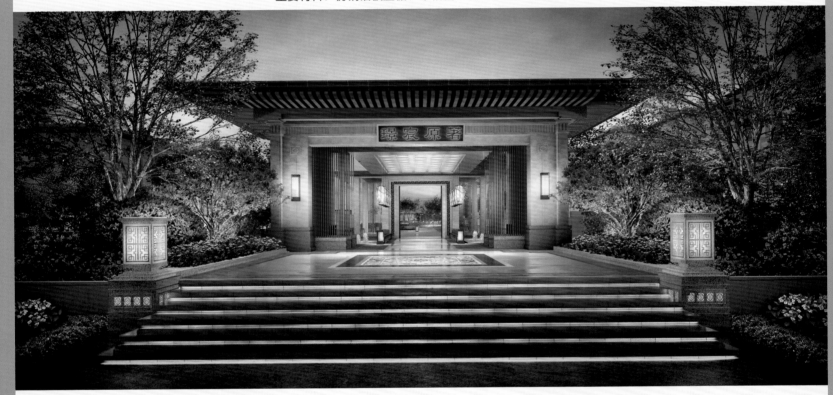

继龙湖·湘风原著后，长沙龙湖再"墅"传奇，打造原著2.0产品——璟宸原著。

长沙龙湖·璟宸原著位于谷山森林公园里，是繁华都市里不可多得的低密自然福地，外有青山层林环绕，内有五维园林郁郁葱葱。有着得天独厚的自然优势，项目以打造谷山景区尊贵居住空间为目的，沿袭龙湖颐和系别墅洋房产品系列，将以13万方的山景空间，打造颐和系别致花园庭院式洋房。同时，该项目取湘地之特色，汲取其空间礼序、文化元素和自然风貌，打造具有湘地特色的新中式王府花园，并以其超低的容积率、尊贵感的居住体验，演绎现代中式云端雅致生活。

Longfor 龙湖地产 ｜ 原著系

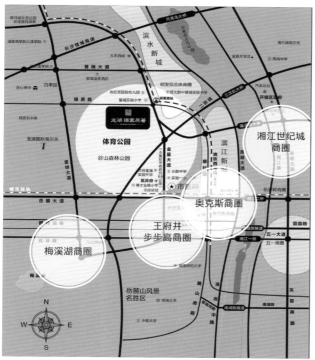

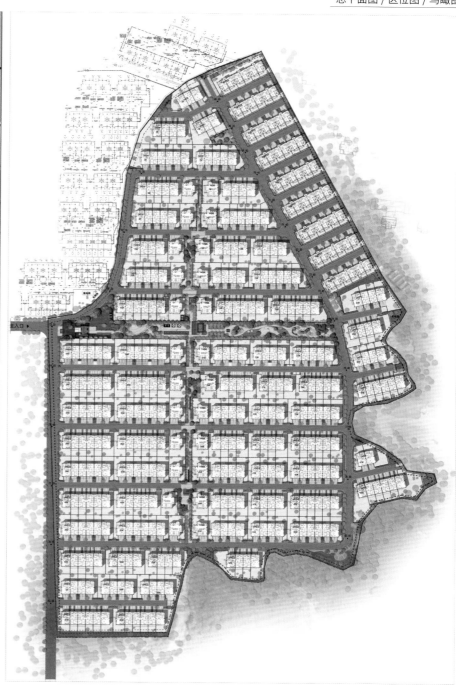

设计理念

长沙龙湖·璟宸原著的目的是打造谷山景区尊贵居住空间，以13万平方米的山景空间为画布，立体地融合富有湘地特色的空间礼序、文化元素以及自然风貌，最终以颐和系列致花园庭院式洋房展现出以水为脉、以山为景的诗意空间。

示范区设计

项目景观秉承了传统设计的设计理念，并在其中寻找新的突破点，以求带来更好的文化体验和更多的意境诠释，进一步丰富文化别墅居住的体验感，打造具有湘地特色的新中式王府花园，演绎现代中式云端雅致生活。

如画山城：入口处通过湖面倒影建筑借景谷山，间筑如画景观住区，突出礼仪归属感和尊贵感。

璟玉山水：十字轴中心设计镜面水景、座区、景观廊架和草坪，通过镜面水面形成幽静环境，感受住区的别有洞天，突出诗意、意境和禅意。

湘风如锦、香草名溪：休闲活动区体现人性关怀，草溪路设有路边座区，借湘地自然之景，造璟宸自然之美。

样板房设计

样板房的设计考虑到家人生活的每一个场景，每一处空间都有适合居者的一个主题，筑造更懂客户的人文别墅。

一层室外花园以"午后斜阳"为主题，围绕莫奈的花园油画展开，将画中的颜色作为主体、点缀色在空间铺设展开，主体以桃花芯木色、米色为主，点缀色以金色、蓝色、橙色、绿色、藕粉色为主；客厅主题为"春日"，通过舒适的沙发、浪漫的花卉布艺，营造出惬意的客厅空间，消除居者一天奔波的疲劳，如同莫奈的画中，老友在春日里树下相谈甚欢，和睦协调的氛围；餐厅以"欢聚"为主题，桃花心木的家具、金色木框、蓝色布艺的餐椅，品味清雅，展现整体舒适度和欢乐融融的气氛；书房表达的主题是"木器智慧"，书桌、书柜都采用了中国传统的木工榫卯结构，配以红木色，营造出古色古香的典雅氛围。

老人房以"秋水"为主题，整体以稳重雅致的咖色和舒适大气的米色为主基调，点缀绿色、皮影戏、品茶等元素为空间增添趣味感；男孩房主题为"橄榄球之梦"，Daft Punk乐队、丹佛野马Broncos美式足球橄榄球队等元素，培养男孩的足球梦；女孩房则以"冰雪奇境"为主题，让女孩体验童话中公主的感觉；主卧房以"旭日和风"为主题，整个空间以不同的米色为基调，清新优雅的蓝色作为点缀色，传达出阳光的温暖、浓浓的爱意、温柔的色彩等惬意居住感受。

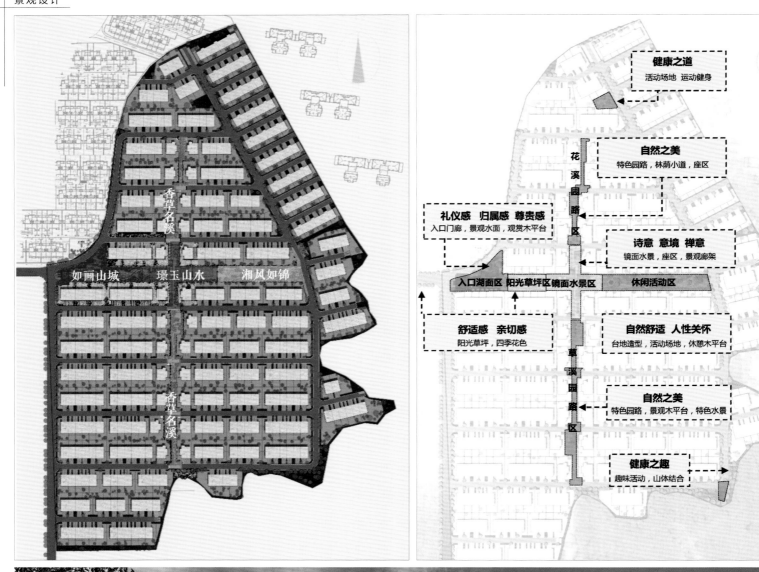

香草名溪

如画山城 璟玉山水 湘凤如锦

香草名溪

健康之道
活动场地 运动健身

自然之美
特色园路，林荫小道，座区

花溪园路区

礼仪感 归属感 尊贵感
入口门廊，景观水面，观赏木平台

诗意 意境 禅意
镜面水景，座区，景观廊架

入口湖面区 阳光草坪区 镜面水景区 休闲活动区

舒适感 亲切感
阳光草坪，四季花色

自然舒适 人性关怀
台地造型，活动场地，休憩木平台

草溪园路区

自然之美
特色园路，景观木平台，特色水景

健康之趣
趣味活动，山体结合

① 仿铜铝板屋檐

② 花纹装饰石雕

③ 装饰灯饰

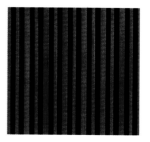

④ 木格栅

材料应用
说明　入口大门的选材上以厚重的石材为主，配合金属装饰以及金黄色的灯光，凸显尊贵感，契合其"新中式王府花园"的定位。

材料应用 说明 客厅主题以米色为主，点缀以蓝色、木色、金色等；清新而典雅；沙发的材质选择舒适的绒面、布艺，营造出轻松惬意的空间氛围。

① 米黄色乳胶漆

② 卡其色乳胶漆

③ 米白色大理石

④ 带花纹地毯

几何美学 都会奢居

重庆龙湖·昱湖壹号

开发商：重庆龙湖宜祥地产发展有限公司 ┃ 项目地址：重庆市渝北区礼嘉礼贤路

占地面积：221 522 平方米 ┃ 建筑面积：567 430 平方米 ┃ 容积率：2.56 ┃ 绿化率：35%

建筑设计：天华建筑设计公司 ┃ 景观设计：HWA 安琦道尔

售楼部室内设计：尚壹扬装饰设计有限公司 ┃ 样板间室内设计：上海平仄室内设计事务所

主要材料：穿孔铝板、超白玻璃、幻彩铝板等

　　重庆龙湖·昱湖壹号位于重庆以北的礼嘉中央商贸区，邻近世界级的低密滨水商圈，城市配套高级，生态资源得天独厚。作为龙湖深耕礼嘉商贸区 10 年的作品，项目秉承新重庆、新商圈、新豪宅的宏大愿景，立志以超前的规划设计理念和绝对城市资源的占有，为重庆匠造一个集科技、艺术、时尚智能化的的都会奢居地标。

　　项目示范区秉承大区的设计理念，大胆选取前卫的立体主义建筑风格，结合线、面、体，呈现出富有几何立体感的建筑，并融入"行舟人归家"的诗意景色，营造出时尚而不失自然意趣与人文关怀的体验空间，让现代与传统进行意味深长的对话。

LongFor 龙湖地产 ┃ 壹号系

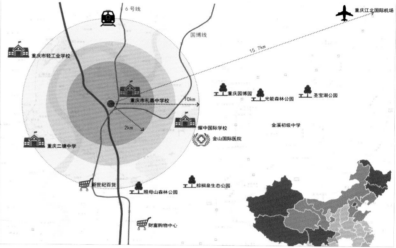

区位分析

项目位于重庆两江新区核心区——北部新区礼嘉半岛嘉陵江畔，属城市副中心，距离江北国际机场约 16 KM，紧邻城市主干道金渝大道，位于礼白大道和渝武高速之间，轨道交通 6 号线及其支线贯穿其中，交通便利，资源丰富。地块东北方向规划为公园和国际商贸中心，周边商业、学校等基础设施完善。

建筑设计

示范区建筑采用立体主义的设计手法，追求形体的几何化，在极简与繁复中寻找力量感与精致感的微妙平衡，以线、面、体的结合实现"构成的美学"，宛如一座大型的雕塑艺术品。在纯粹几何的母题引导下，无论是总体布局还是内部空间结构，项目都遵循了理性抽象的简单原则。建筑成为点、线、面的游戏，在室内与外部开放空间中相互影响。各面墙体既相互独立又相互制约，交织、绵延的线与面组成了平衡矛盾的三维综合体。大面积开窗、高窗地比、大比例玻璃幕墙的设计，既凸显了现代主义建筑通透和棱角分明的建筑美感，同时又让室内空间得到更好的延展，在带来高采光、大视野体验感之外，也将景观融入建筑。

示范区设计

示范区设计以"阅水行舟人"的所见所闻所想与"重庆千年的航运文化"为设计主线，描绘了阅水行舟人寻梦路上初见、归港、入梦的历程。

嘉陵江上识江城：入口处整体设计灵感来源于吴冠中的油画《嘉陵江上》，以"远山""近船""左岸""右舍""中江"的画面布局，描绘最淳朴的重庆山水风貌，并提取清朝古诗《渡嘉陵江》中"江浪逐流""花红""小舟横江"等元素，营造出诗中景色。

雾城仙界寻鹭影：设计师从寓意平安与高洁的白鹭中汲取灵感，结合重庆常见的雾景，将"阅水寻梦""寻鹭影"的过程描绘得更加朦胧。白鹭身后设有移门，通向 600~700 平方米的草坪空间。

夜泊瓜洲敛波光：设计者把自然肌理转变为驳岸沙洲的概念原型，别具一格地设置了一个挑出的平台，好似江边渡口，又仿佛是船尾，让人们得以在此俯览江景，营造出"行船人归家"的感觉。

归来静望昱湖水：水池设置了特色的铜花雕塑，时尚美观又兼具科技感，与花海相得益彰。作为参观通道架空层墙体上的圆形穿孔设计提取建筑立体主义的设计语言。挑台休息处引入了先进的"泛会所"的概念，设有小吧台以及舒适的软景配套。

入梦皆是情花田：在这里，墙体既是围墙，也是景观的一部分，在形态上与滩涂设计语言相呼应。层层叠叠的视觉效果，象征着海港起起伏伏，整体表现了驳岸港口的肌理。同时，它们似乎也是一艘艘军舰蓄势待发，也与建筑"逐浪之舟"呼应。

样板房设计

样板房以米白、暖黄、灰色这三种柔和的颜色为基调，用各种绿色点缀提亮，营造一种优雅又不乏轻松和舒适的氛围。配饰采用时尚金属色，与新中式元素的装饰相融合，使现代与传统两种气质相得益彰，为业主营造了一个蕴含文化气息的精致空间。

客厅区域集会客交流、休闲娱乐、家庭亲子等功能为一体，明亮的大空间中点缀着绿色，与角落的景观庭院遥相呼应。山、石、松、梅等元素使整个空间流露出几分温婉秀雅的东方情怀。主卧采集山水元素铺陈在墙面与挂画上，营造一种烟波浩渺的氛围。两盏几何造型的水晶吊灯彰显出时尚质感，使整个居室在浓浓古韵中渗透了几许现代气息。

1 车行入口
2 人行入口
3 接待廊道
4 主展厅
5 样板房
6 庭院
7 跌水
8 山景
9 停车场

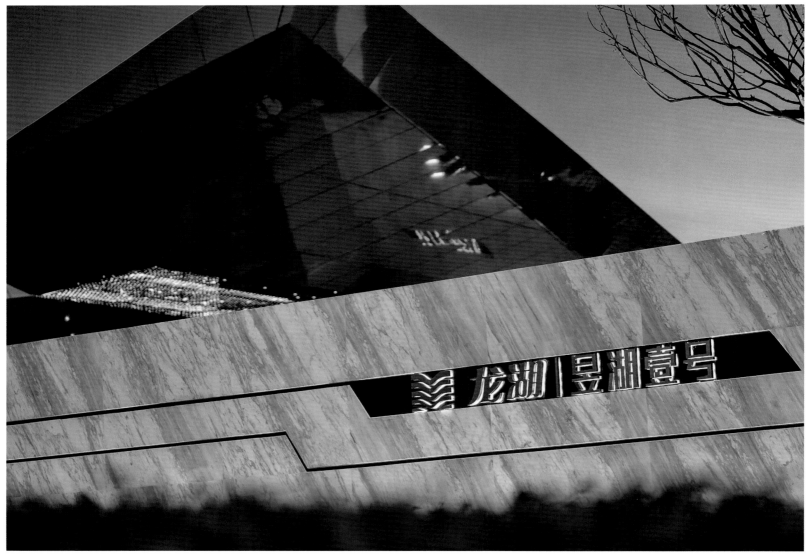

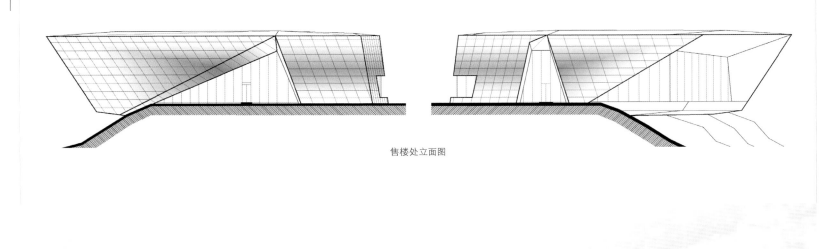

售楼处立面图

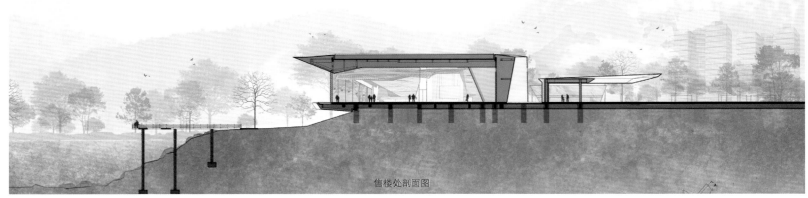

售楼处剖面图

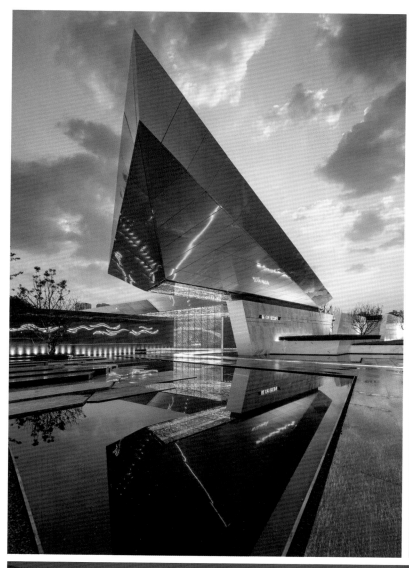

材料应用说明 8米高的超白玻璃使建筑成为晶莹的水晶体，如同钻石般熠熠生辉；穿孔铝板结合了玻璃的透明性和板材的不透明性，达到一种半透明的效果，形成纱一般的朦胧感和轻盈感，丰富建筑的表现力。

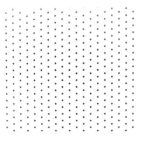

① 穿孔铝板

② 超白玻璃

③ 幻彩铝板

材料应用说明 幻彩铝板随着视角的改变以及光线的变化，可以幻化出绚丽多彩而又细腻温润的色泽，给建筑增添了梦幻般的光影变化。

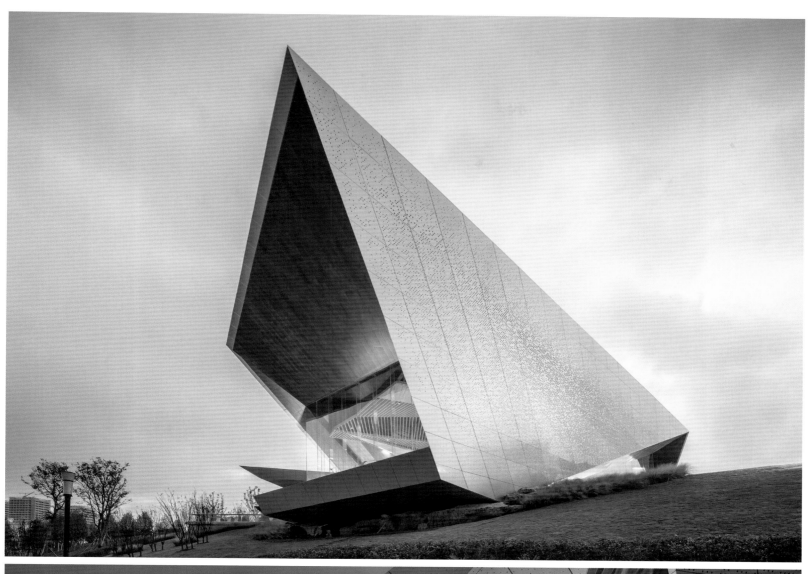

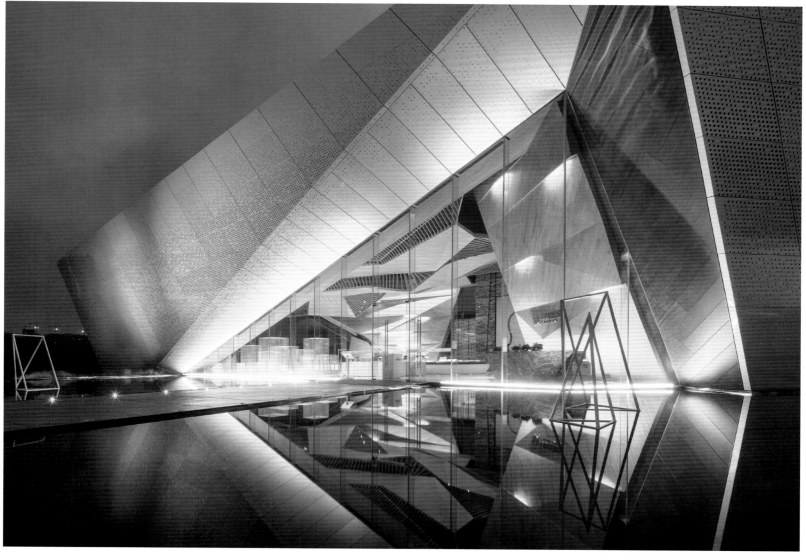

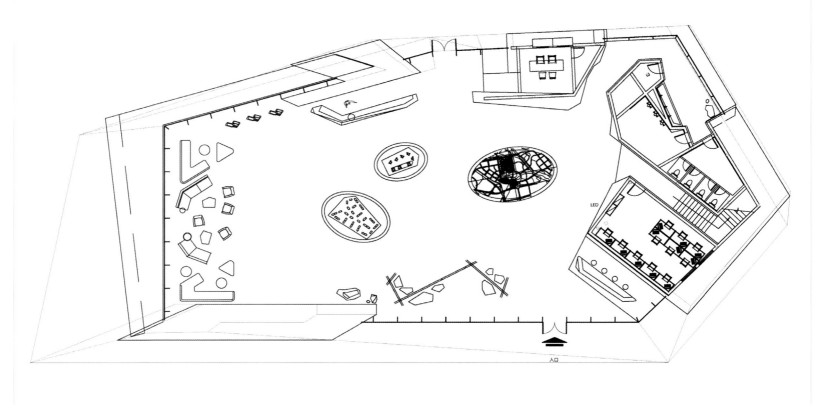

售楼处平面图

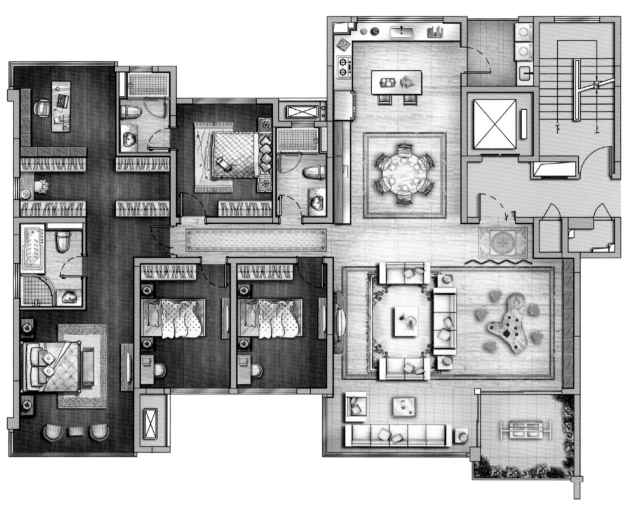

196 平方米户型图

空中山水园林

重庆旭辉 · 铂悦澜庭

开发商：华宇、东原、旭辉 ┃ 项目地址：重庆市南岸区弹子石

占地面积：147 000 平方米 ┃ 建筑面积：610 000 平方米 ┃ 容积率：3 ┃ 绿化率：30%

建筑设计：上海睿风建筑设计咨询有限公司 ┃ 景观设计：成都赛肯思创享生活景观设计股份有限公司

室内设计：上海牧笛室内设计工程有限公司样

主要材料：洞石、超白玻璃、缅甸铁椿影木、紫山水石材、琉璃、亚克力等

　　重庆旭辉 · 铂悦澜庭，由华宇、东原、旭辉三大地产品牌强强携手打造，集墅适洋房、观江精装大平层、滨江购物中心为一体，是融合中西部集摩登东方设计和空中山水园林为一体的高阶轻奢社区，更是重庆"两江四岸"少有的低密度高尚社区。

　　项目位踞南滨路北段，以"环抱江湾，双轴入江"的规划格局，最大限度地将周围得天独厚的资源优势导入社区内部。同时，项目深入了解重庆的地理特点和历史文化，捕捉重庆山水特色的人文意境，结合现代城市的时尚居住方式，以摩登东方设计和空中山水园林去诠释当代中国的人居美学，尊启一代雅士风流。

CIFI GROUP
旭辉集团 ┃ 铂悦系

区位分析

　　重庆旭辉铂悦澜庭位于重庆市南岸区弹子石片区，北临南滨路，俯瞰长江，西临内环快速路，衔接大佛寺长江大桥，南侧为洋人街足球公园，西侧为美心湿地公园，且毗邻规划小学用地，是集合江景、公园、教育、购物为一体的全新高尚住区。

定位策略

　　铂悦澜庭集观江精装大平层、洋房、滨江购物中心为一体，是中西部集摩登东方设计和空中山水园林为一体的高阶亲奢社区，更是重庆"两江四岸"少有的低密度高尚社区。观江精装大平层面朝长江一字排开，实现江景资源推窗入户的美感；洋房依地势起伏而建，错落有致，尽观园中精粹；滨江购物中心则紧邻国际马戏城，共享繁华。

规划布局

　　项目采用"环抱江湾，双轴入江"的规划格局，创建两条贯穿全区的绿色走廊，利用高差将视野层层导向江景，并将东面、西面、北面三个城市公园导入社区，促进社区开放空间与城市自然资源的契合。"蝶"型的产品布局确保每户之间零遮挡，同时沿江打造了宽逾6米的江景阳台，将270度江湾景色尽收眼底。适度间距的塔楼也修复了南滨路原本分散隔离的城市界面，为南滨路在城市中树立了崭新且重要的身份。

景观设计

　　项目取意中国山水画写意风格，依台地起伏而上，大笔铺排组合，创造重庆园林史上真正的"空中山水园林"，更配以定制琉璃水灯，诠释一代雅士风流。项目延观江平层，洋房与商业屋顶形成一条空中观景长廊。上层住宅花园设有观水、赏幽、聚会、亲子四个开放共享中庭，以流畅大气的节奏组织形成行云流水般的空间体验。下层屋顶花园结合架空层主题功能设计，让城市风景与时变幻。洋房空间利用重庆独有地貌，形成高差错落台地花园，以丰富植栽搭配，形成"绿谷观花""林下闻香"的赏趣空间。

示范区设计

　　示范区根据儒家的礼制建筑——汉朝的高堂明台，将场地40米高差处理成为4个台地，穿行而上，视线或者内向，或者观山，或者观江，移步换景，营造空灵梦幻与礼序雄浑并存的体验感。基座的灵感来自于重庆壁立千仞的垒石江岸，厚重的洞石在肌理和色调上追溯了城市的地理特质。厚重的基座之上漂浮着一个纯净的玻璃体，隐框超白玻璃突出玲珑剔透的轻盈感。

　　景观充分结合山地地形，以重庆江山特色展现东方礼仪之意，在场景组织上借鉴了中国传统山水画的韵律感，借山为势、以水为格，缩千里江山于方寸之间，以东方美学意境和现代精致的细节表达，实现"起于江，隐于市，山行仰止，洞见天地"的设计理念。

售楼处设计

　　售楼处以山水为主题，贯穿整个室内，每个空间一景，犹如一幅山水画；以时空为纽带，融入东方沉稳灵性，运用摩登东方语言营造当代人文高致。挑高天花板彰显富丽堂皇之感，结合精装玻璃夹印染山水纱质屏风，借长江和朝天门光影交错之景，在屏风与既有主体重构的空间内，一静一动的组合构成了丰富的空间感受。

　　整个室内融入ARMANICASA的经典东方元素，大量带有自然纹路的石材彰显了空间的硬朗设计；夹丝暗纹面料及皮革，让典雅之感跃然其中；大理石、铜质等材料，尽显精致奢华。

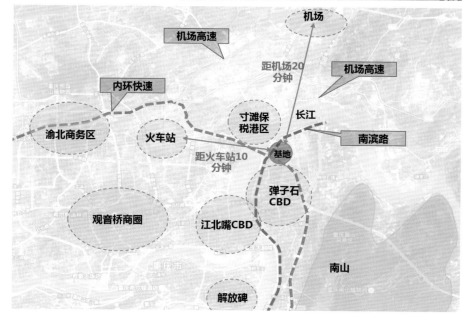

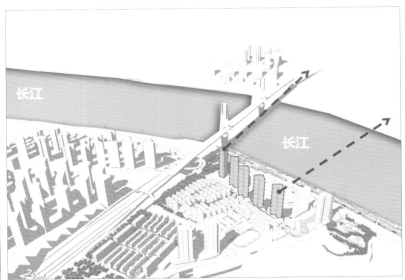

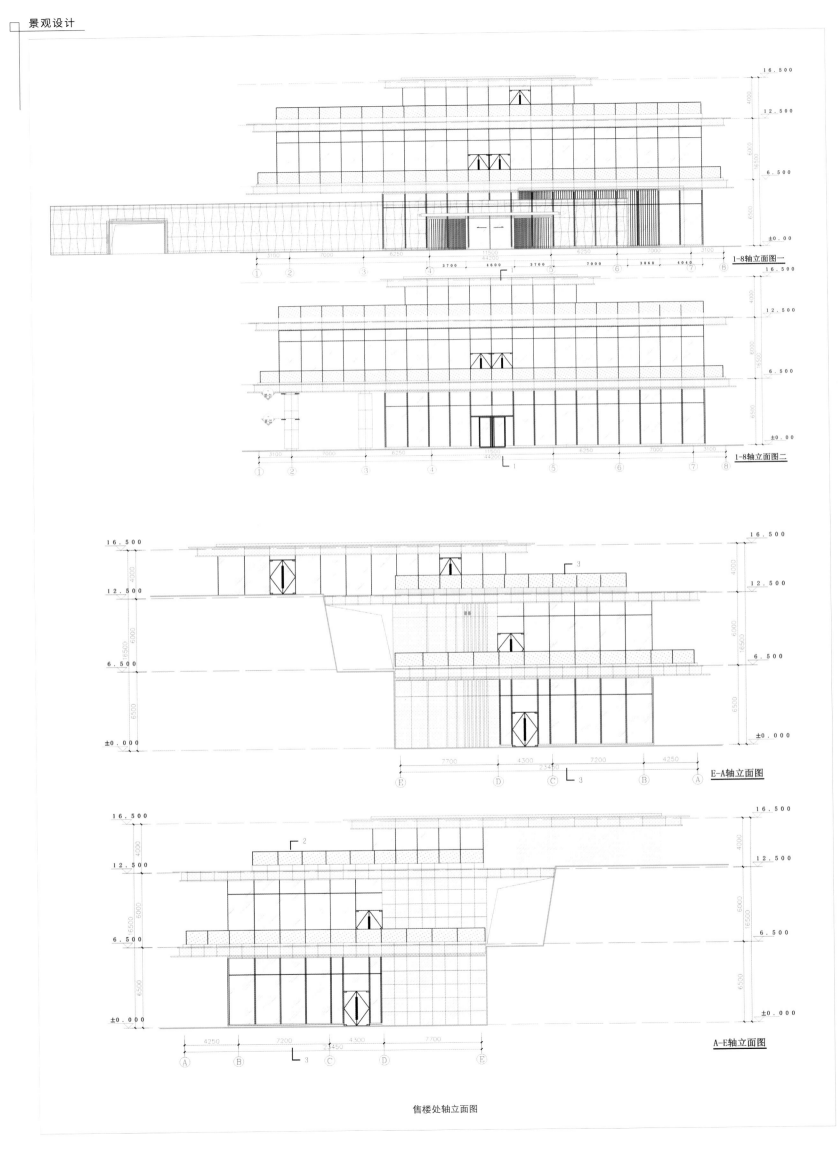

1-8轴立面图一

1-8轴立面图二

E-A轴立面图

A-E轴立面图

售楼处轴立面图

材料应用 说明 基座采用厚重的洞石，在肌理和色调上追溯了重庆的地理特质；
纯净的玻璃体"漂浮"与基座之上，突出玲珑剔透的轻盈感。

 ❶ 米白洞石材

 ❷ 双层中空玻璃

 ❸ 中国黑大理石地面

 ❹ 仿古铜不锈钢

材料应用 说明 仿古铜不锈钢屋檐在色调上与地面黑色系
石材形成呼应，显示出庄重大气的格调。

材料应用 说明 520 块琉璃拼接悬挂，形成室内定制屏风。重庆的山、水、路、崖以及建筑经过抽象演绎，藏匿于琉璃，浓缩于方寸之间。

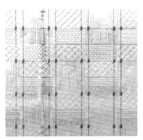

① 琉璃

② 缅甸铁椿影木格栅

③ 山水绿石材

材料应用 说明 售楼处墙地面选用紫山水石材，使得"山水"主题贯穿整个室内，每个空间一景，犹如一幅山水画。缅甸铁椿影木的应用，大大提升了整个空间品质感。

材料应用说明 磨砂玻璃的运用，使得室内光线柔和而不刺眼，同时营造出一种朦胧的美感，其不透视的特性又起到了空间隔断的作用。

⑤ 磨砂玻璃

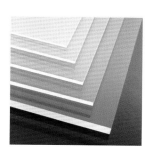

⑥ 亚克力

材料应用说明 1500 块亚克力结合灯光营造的变幻氛围，将重庆巴渝的建筑文化赋予摩登美学和现代时尚的典雅气质。

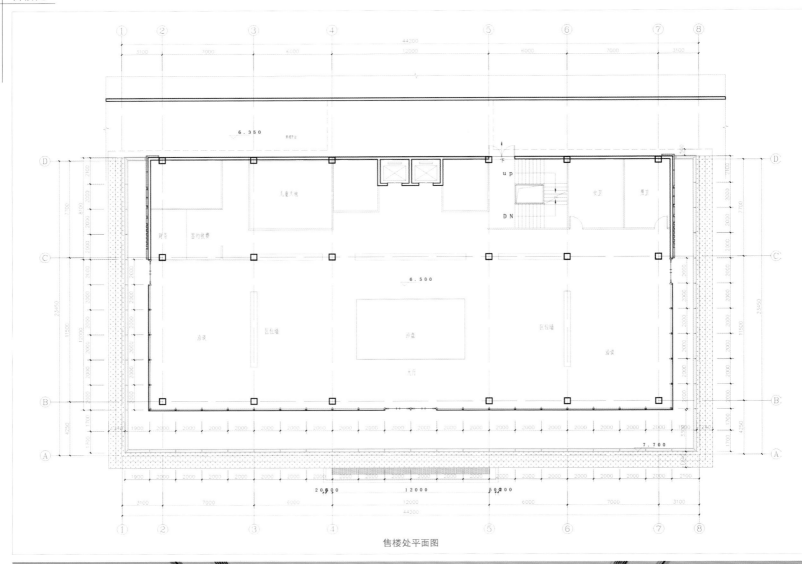

售楼处平面图

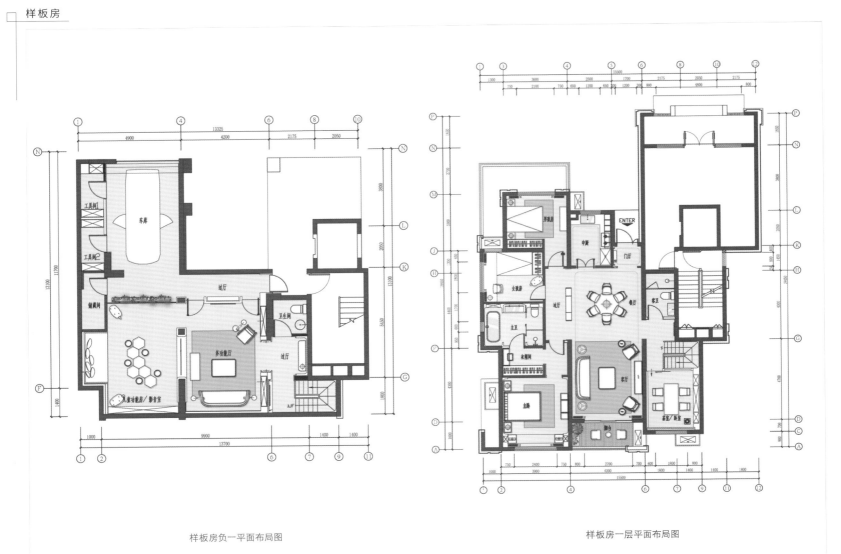

样板房负一平面布局图　　　　　　　　　　　　样板房一层平面布局图

东方镜像 现代风尚

南京金地中心·风华

开发商：金地地产 ┃ 项目地址：南京市建邺区江东南路与龙王大街交汇处

占地面积：38 204 平方米 ┃ 建筑面积：133 896 平方米 ┃ 容积率：2.75 ┃ 绿化率：35%

建筑设计：水石国际 ┃ 室内设计：矩阵纵横

主要材料：金属、大理石、仿石材砖、不锈钢等

  "风华系"是金地对东方美学的再设计，也是对产品的大胆创新。作为南京首座"风华系"作品，金地中心·风华在建筑、景观与室内的设计上均传承了东方美学，提取与重构传统元素，结合现代的设计手法和创新材料，将传统与现代有机地融为一体，为传统文化带来新的面貌，也赋予现代生活浓郁的文化底蕴，共同诠释出令人耳目一新的现代中式风格。

  项目示范区建筑采用围合式布局，与景观设计相辅相成，通过场地高差、景观矮墙、镜面水体、草地绿植等元素，以参观客群的行进动线作为导向，在十分有限的场地内，形成收放有致、层级分明的立体空间。

区位分析

南京金地中心·风华地处南京城市发展新核心——河西板块。河西新城是整个南京规划档次最高、发展潜力最大的国际化新城，周边资源丰富，学校、医院、地铁、有轨电车、商业中心、城市公园等配套齐备。

建筑设计

项目摒弃复杂的堆砌，在门、窗、廊、院、砖、瓦、石和木的构建之中，提纯、淬炼和重构传统元素，结合现代材质及技法，将传统与现代有机融为一体。建筑立面设计细腻古朴，顶部的骑马墙和万字织锦符成为独具仪式感的符号，空调外机位以及单元入户门等位置点缀以别有人文情趣的中国花格窗棂，整体构成高辨识度的建筑形象。

项目体现出东方建筑对"匠"的注重，大到标志性的形体塑造，小到入户大堂门把手的打造，在所有的营造环节中注重工艺的严谨与逻辑，在工艺的严苛要求中给人以美的享受和尊严。

景观设计

项目的景观设计对传统中式元素符号进行解构与重组，用现代化的材质语言打造新东方韵味。项目采用围合式布局，在8000平方米的中心园区中，集萃千年东方园林精髓。社区入口设计厚重端庄的天圆地方三重礼仪门庭，体现主人的尊贵，营造良好的回家路线体验。园内有回廊、茶亭、门厅、花园、小院、浅丘、奇石、名树、闹泉和叠瀑，构成"一处十境"的CBD城市东方院落。

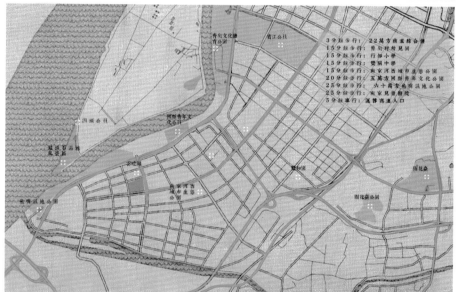

售楼部设计

建筑设计：售楼部建筑通过抽象与提炼传统建筑、工艺、家具、装饰等品类，并以现代人能够欣赏的形式进行解构和重组，实现东方意向与现代手法的融合。建筑师巧妙地将中国传统"月亮门"的形制加以演绎，采用金属构件冲压，再与传统文化代表元素"银杏叶"搭配组合，创造了时尚别致又兼具文化韵味的入口形象。

标志性的"装饰立板"设计充分体现出东方建筑对"匠"的重视，为了让其形式与建筑主体相得益彰，建筑师将平面设计的手法纳入到建筑设计中，创造性地设计出兼具时尚气息与文化韵味的图像，并通过实体打印的制作工艺，实现了"一体化，不分缝"的匠心制作。

在材料上，立面以浅米石材、真石漆、仿铜金属、木纹等材质作为主要材料，结合独具匠心的组合搭配以及严苛的制作工艺，展现出建筑形象的"落落风华"。

室内设计：在传统和现代之间寻求平衡，从传统语汇出发，取其意而不破其形，在意境东方的主题之下诠释更多的现代情致。家具与空间语境相互融合，以屏风作为隔离，让空间之内的诸多中式元素疏密有致，相得益彰。手绘墙纸和传统书画艺术的抽象性运用，点缀以侘寂之物，赋予空间淡雅悠远的东方韵味。

样板房设计

96平方米高层样板房收放自如地诠释了新东方的闲情雅致。客厅采用造型简约的家具和器物，搭配层次丰富的材质和浓厚的东方元素，营造出富含禅意的东方气质。餐厅则兼顾了宴客礼仪与文人情怀，桌旗与装饰背景画暗暗应和，隐喻着主人独到的审美和非凡的气度。主卧以暖黄为主调，结合原木纹理的家具和闲逸的山水画，凸显自然之美。客卧在现代背景下演绎古典的风雅与禅意，同时不失时尚与雅致。

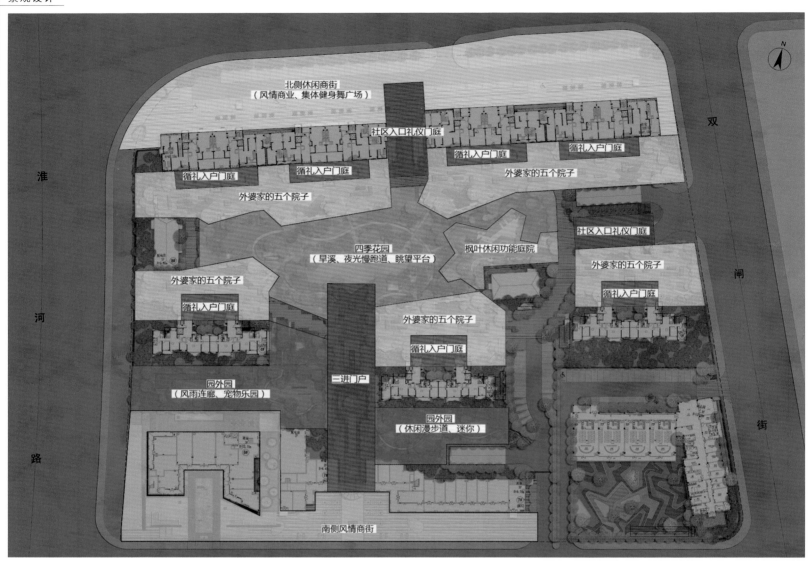

北侧休闲商街
（风情商业、集体健身舞广场）

社区入口礼仪门庭

循礼入户门庭

循礼入户门庭

外婆家的五个院子

外婆家的五个院子

循礼入户门庭

四季花园
（旱溪、夜光慢跑道、眺望平台）

枫叶休闲功能庭院

社区入口礼仪门庭

外婆家的五个院子

外婆家的五个院子

循礼入户门庭

循礼入户门庭

外婆家的五个院子

循礼入户门庭

二进门户

园外园
（风雨连廊、宠物乐园）

园外园
（休闲漫步道、迷你）

南侧风情商街

淮 河 路 双 闸 街

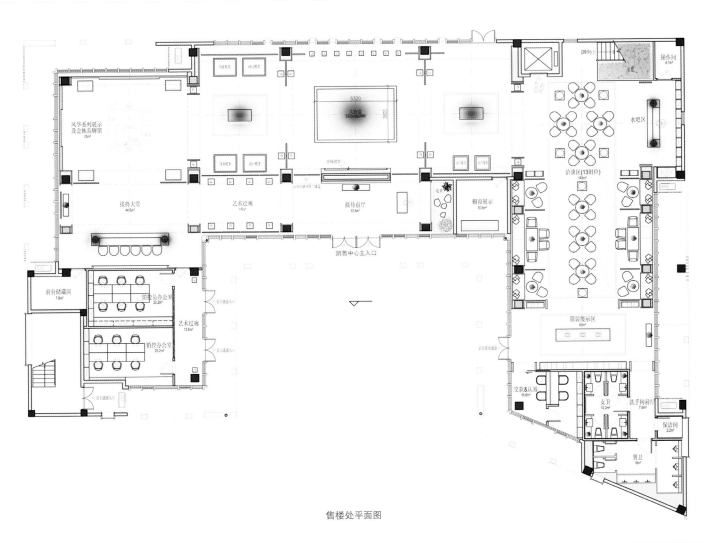

售楼处平面图

材料应用说明 采用金属构件冲压设计月洞门，再与传统文化代表元素窗花、"银杏叶"搭配组合，创造了时尚别致又兼具文化韵味的入口形象。

1 金属构件

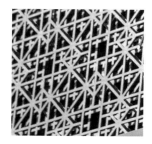

2 金属窗花

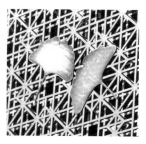

3 金属"银杏叶"

材料应用说明 设计师从传统语汇出发，取其意而不破其形，利用现代的材料，演绎出具有古典东方韵味的空间，同时又不失现代情致。

① 仿石材砖

② 中晶木纹大理石

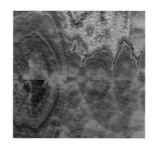

③ 孔雀蓝玉大理石

④ 玫瑰金不锈钢屏风

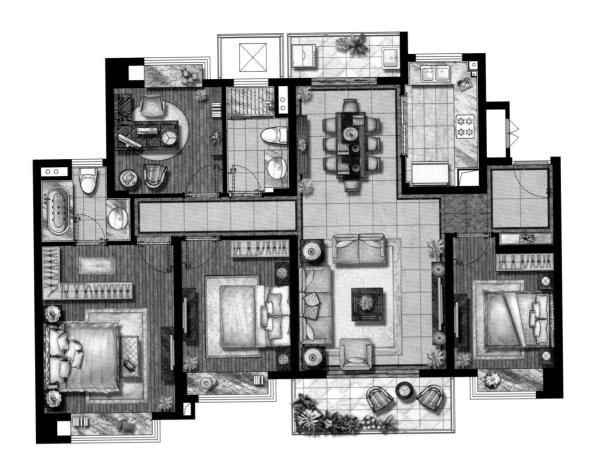

样板房 A 户型平面布局图

情致现代 意至东方

宁波金地·风华东方

开发商：金地集团 ∣ 项目地址：宁波鄞州区

占地面积：68 092 平方米 ∣ 建筑面积：160 065 平方米 ∣ 容积率：1.8 ∣ 绿化率：30%

建筑设计：上海日清建筑设计有限公司

主要材料：石材、金属、轻纱、木质、大理石、苎麻等

　　金地"风华"系列，在提取东方传统建筑元素的基础上，根据现代科学技术与现代人的审美需求，打造富有中国传统文化韵味的建筑，是中国传统居住的风格文化在当前时代背景下的创新演绎。宁波金地·风华东方示范区秉承风华系列一贯的"情致现代、意至东方"的设计理念，展现风华系列的不断进步和东方文化之大美。

　　建筑设计上，项目遵循金地风华系列风格，以简洁流畅的建筑语汇呈现现代东方时尚，同时将现代东方元素进行简洁化和分类化，让古典的雅致和现代的简洁形成戏剧性冲突及对比；景观打造上，项目提取了中国古老的舞蹈"云门舞集"中哲学文化精髓，以"云山"、"石尚"、"水月"为空间主题，呈现出风华的时尚美学与文化归属。

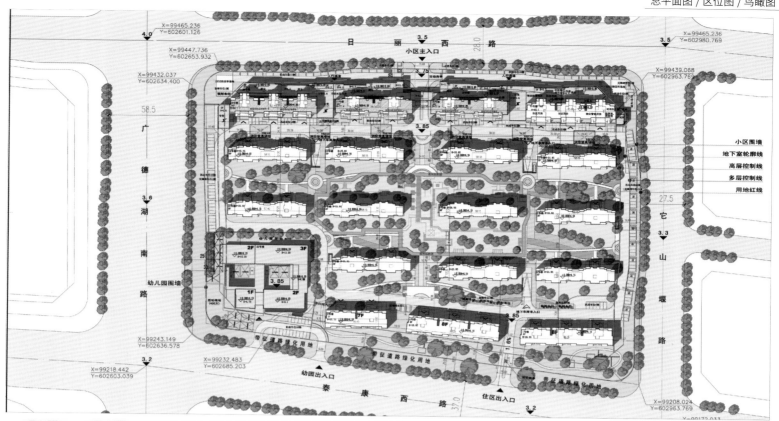

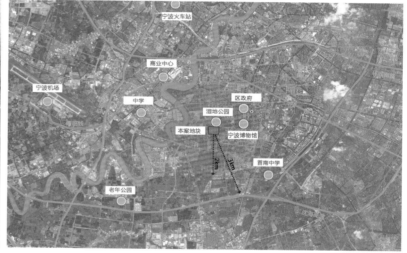

项目概况

项目位于宁波市鄞州区，日丽西路以南，泰康西路以北，广德湖南路以东，它山堰路以西，毗邻国内首个公益性综合体善园和鄞州湿地公园。项目融合中国传统文化与现代审美，规划 4 栋高层住宅和 14 栋花园洋房，北面规划社区精品商业街，西南面配备贵族幼儿园。

建筑设计

示范区建筑以极其简约的方形体量作为主体，直线型的檐口饰以简化的中式纹样，整体布局错落有致。朴素的墙面适当地搭配落地玻璃和格栅，为规整的主体增添几分轻盈和灵动。

庭院通过虚、实、围、透等手法串联勾勒出建筑的空间和意境。整个建筑设有内外两进院子以廊相连，外院连接入口，静水孤植，清雅脱俗。内院相合建筑，松挺花香，怡然自得。双重院落所诠释的虚实之美也正映衬了东方文化中阴阳融合的相生之道。其他空间以连廊为纽带，依附于两院四周，共同烘托禅意纯净的风华意境。

景观设计

项目设计灵感来源于中国古老的舞蹈——云门舞集。设计师通过对"云门舞集"元素的提取，配合舞蹈本身所具备中国哲学文化精髓的创作元素，以"云山"、"石尚"、"水月"为空间主题。

云山（前场）：采取非对称式手法衬托建筑，一侧列植 3 颗主景乔木，配合另一侧的阳光草坪自然式种植。对景景观墙以云山纹样构成，呈现步移景异的动态景观效果。

水月（外庭院）：以水景结合互动装置共同呈现镜花水月的景象。主

体雕塑部分是梁山伯与祝英台的艺术形象，两人牵手相望，雕塑线条柔美而富有变化。主体周围蝴蝶环绕，造型轻盈灵动，寓意化蝶的美好。整个画面构图饱满、层次丰富、富有张力，既有中国传统的文化精髓，又运用了当代的艺术理念。

石尚（内庭院）：以抽象化片石结合优雅简洁的水面，共同呈现水天一色的极简之美，宛如黄公望《富春山居图》描绘的山水仙境一般。

售楼部设计

售楼部动线入口即围合模型区形成 U 形内廊坡道，访客进入空间的前半程环绕其中却无法窥识全貌，韵律上是个"收"字，是酝酿铺垫。销售、洽谈区则通过地坪高差、再造柱廊形成了两个比例适度、层次分明的开放区域，在韵律上是个"放"字，是豁然开悟。

售楼中心以禅茶作为设计主题，利用当代精神重塑东方文化韵律之美，侧重描述和刻画自然无形的氛围，将茶文化贯穿在整个空间，让访客仿佛置身于安静祥和的茶舍之中。

木作、苎麻锻造质朴之感，古铜和砖石提炼金石之音，抽象云纹取意仙踪，所有细节与借景相辅相成，陈述着内敛的精致。朱红色屏风作为空间里唯一显性的东方符号，采用古典中式大漆工艺再现繁复唯美，与灵动的青玉吧台对望呼应，空间韵律之美达到高潮。

样板房设计

洋房 139 平方米户型以现代美式风格，诠释随性不羁、简洁明晰的生活方式，迎合了快节奏社会的现代生活需求。简练的线条和粗犷简单的木质家具，更多的是注重家居的功能性和实用性，而非装饰性；柔软的布料和柔和的色调，在每一个细节中彰显着现代美式风格的舒适与温馨。

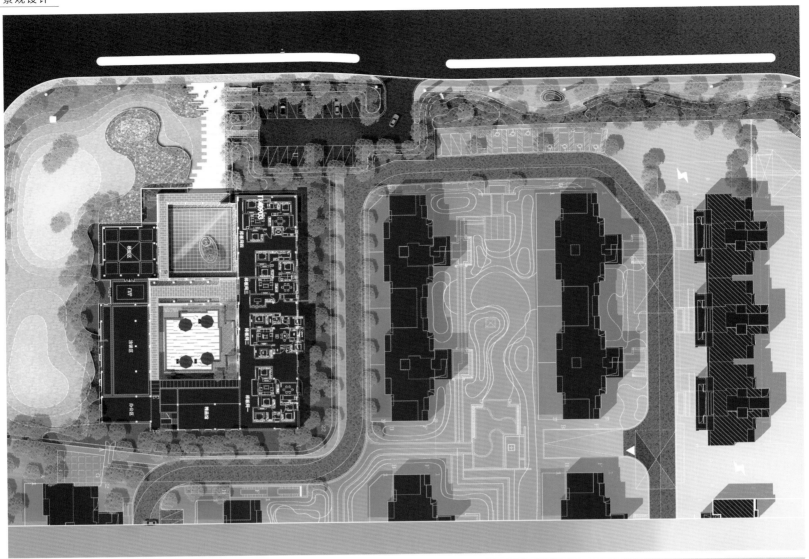

材料应用说明 该场景选材以石材为主，简约而大气。"云山"在格栅的掩映下增添了几分朦胧之感。

① 石材格栅

② 荔枝面花岗岩

③ 假山石

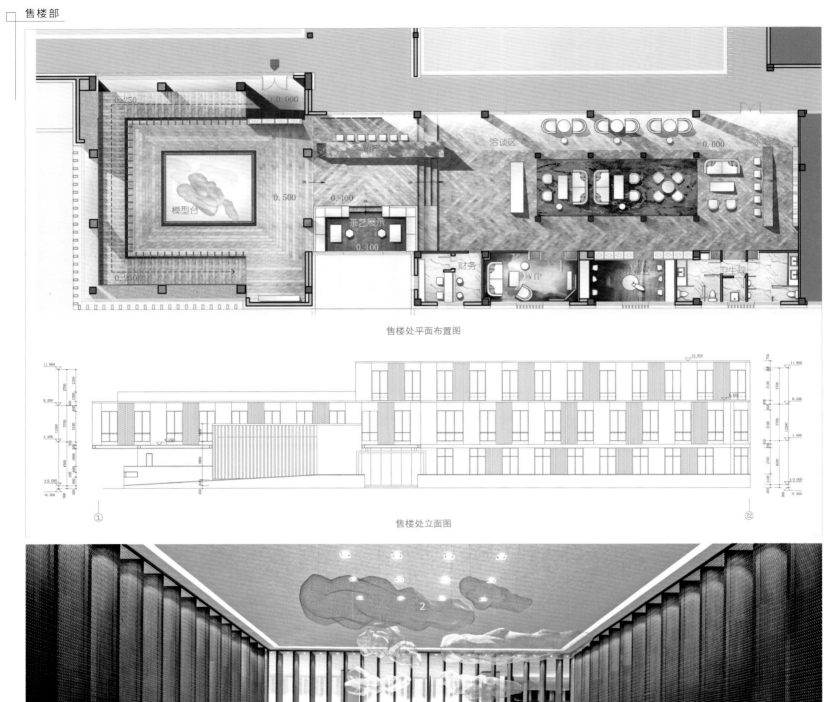

售楼处平面布置图

售楼处立面图

材料应用说明 轻纱、铜网配合日光的行走,蔓延着玄妙的影像,与木质交融出平和沉静的气息,濡染一室。

❶ 金属网格屏风

❷ 轻纱"祥云"

❸ 木质

设备平台

改造前结构示意
此改造示意仅供参考
不作为交付标准

设备平台

管井

样板房 139 户型图

诗情画意　理想大境

宁波金地·风华大境

开发商：金地集团宁波公司 ｜ 项目地址：宁波市鄞州区泰康西路以南

占地面积：52 123 平方米 ｜ 建筑面积：117 676 平方米 ｜ 容积率： 1.6 ｜ 绿化率： 30%

建筑设计：上海日清设计有限公司

主要材料：钢材、铝单板、花岗岩、钢化玻璃、丝质、皮质等

　　如今，越来越多的城市变成了钢筋森林，人们反而开始向往水墨画般的小桥流水人家、青砖白瓦庄园。金地遍寻各地，终于邂逅鄞州公园。水上森林、湿地漫滩、栈道荷塘……"枕水人家"的画面跃然眼前。在这里，金地绘就了一幅浓淡相宜、诗情画意的城市水墨图，亦找到风华系承载土地与人居的理想大境。

　　作为对风华系列"情致现代、意至东方设计"理念的一种诠释，宁波金地·风华大境以新东方建筑风格为主，彰显大气、厚重、低调、奢华的东方建筑气质。其景观借用古典园林的景观布局和造园手法，并融入现代设计语言，营造极具东方韵味的现代中式园林。

项目背景

宁波金地·风华大境位于宁波市鄞州区湿地公园旁，泰康西路以南，泰安西路以北，规划河道以东，它山堰路以西，拥有高层、洋房、联排等产品类型，是该区域相对高端的产品系列。其产品延续金地风华系列风格，建筑外观既体现当前的时代特征，又折射出新东方建筑的神韵，大气的屋檐和别致的凸窗，通过立面整体深浅材质的变化和穿插形成强烈纵横对，演绎出丰富内涵。景观设计传承古典园林天人合一的造园思想，融入现代极简主义的设计形式、造型语言以及现代艺术的创造手法，营造具有清幽、静谧、空灵意境的现代中式园林。

设计理念

风华大境示范区秉承了金地风华系列"情致现代、意至东方"的设计理念，同时展现出风华系列的不断进步与创新。整个示范空间布局有开有阖，建筑与水景互为阴阳，藏风聚气暗含风水，释放了场地环境的最大优势。

建筑设计

售楼处建筑以水墨山水作为设计灵魂，以幕墙构件的错落韵律为媒介，诠释东方建筑含蓄内敛的气质和情怀。售楼部的建筑主体由一层的东西向主楼和二层的南北向金属框架交错而成，立面由玻璃幕墙和干挂石材结合而成。石材选用白色花岗岩，质感细腻典雅，与石墨色的金属屋檐搭配。石材的水平分隔辅以深香槟色金属线条，让立面更增细节。金属框架中隐匿着实体样板房与两重园景，保持了建筑主体风格的简洁统一，也使参观动线在充满诗情画意的氛围中行进。

景观设计

项目通过形体的穿插及与景观的融合形成虚实相生的多层次空间，从入口强烈仪式感的庭院转到山水主题的售楼区，再通过核心的景观内院转向别墅样板房，行进流线中通过多层次循序渐进的视觉洗礼来唤醒参观者内心的东方情结。

白色石材勾勒出简洁大气的建筑入口，宽阔的镜面水池充盈视野，倒影深深，宛若立于水中；再辅以暖调灯光的烘托，展现出建筑入口"纯净、简约、静谧"的空间意境。具有古典仪式感的片墙间隔出一片纯粹而简约的中央庭院，白墙绿地，松木山石，意境无穷。

室内设计

项目的室内设计通过对东方元素及文化的演变和演绎，摆脱具体东方形式的束缚，萃取东方气质，演绎独树一帜的新东方风格。

售楼处：设计主题为湿地公园的"生态、自然"，以飞鸟作为切入点，在天花上以格栅幻化为行云流水，成百上千只以鸟为原型演变而来的金属装饰片欢快地飞向天空。金属格栅的形式简洁而不失细节，并通过金属格栅的色彩，将装饰面的色彩压深，形成整个空间的背衬，凸显中心区域。

联排样板房：延续售楼处的装饰风格，并在细节处进行升级，体现出居住者对更高生活品质的追求。空间通过局部挑空的处理手法，凸显空间的尺度；块面化的墙面组织使整个空间看起来丰富而不凌乱。整个空间采用米灰色系，并大量使用丝质的壁纸，而局部使用的刺绣壁纸和真丝手绘壁纸提高了整体的奢华度。

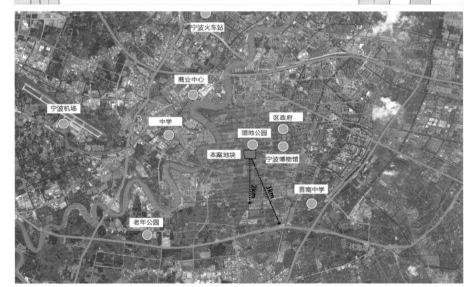

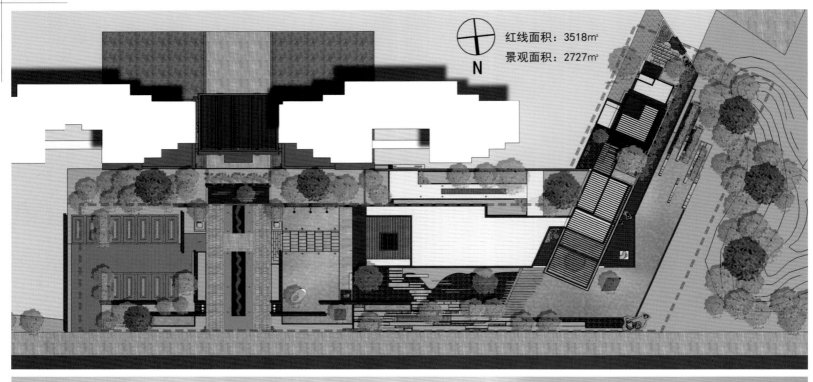

红线面积：3518㎡
景观面积：2727㎡

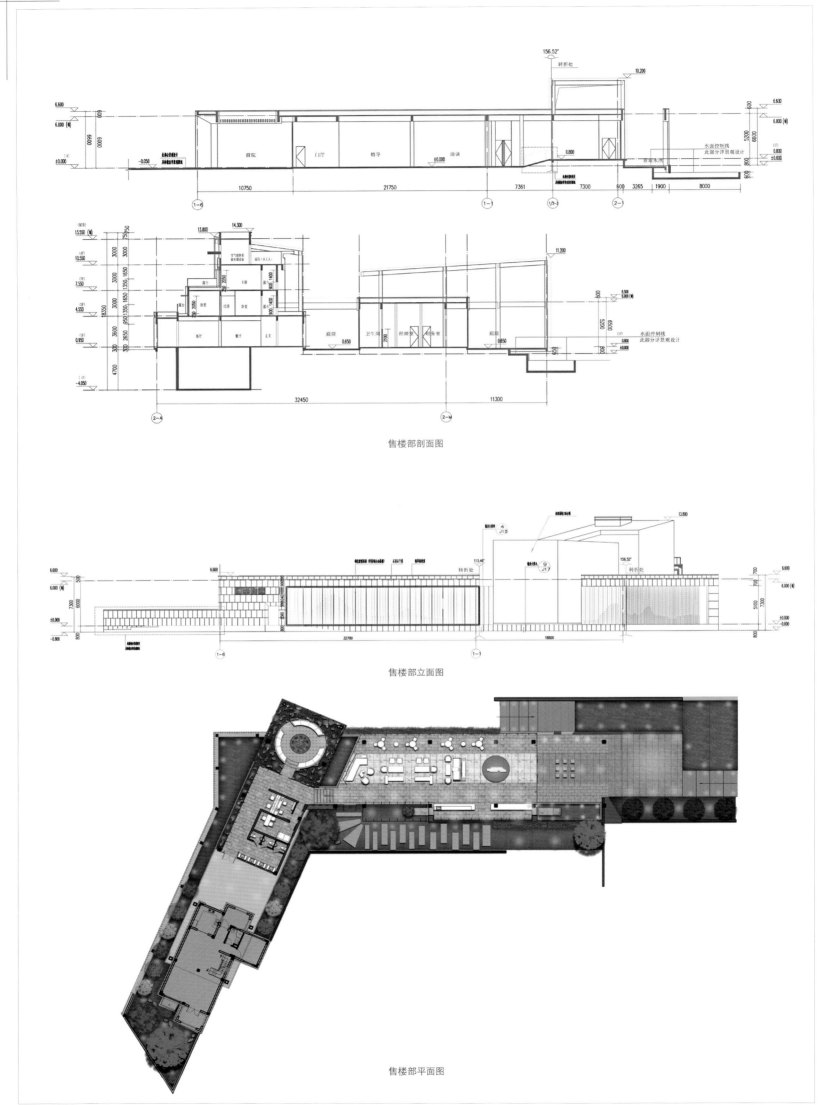

售楼部剖面图

售楼部立面图

售楼部平面图

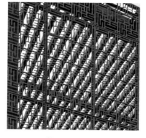

① 钢框架

② 铝单板屋檐

③ 白色花岗岩

④ 深香槟色金属地线

材料应用 南北向的金属框架与东西向的主楼相互交错，现代感十足；主楼立面石材选用白色花岗岩，质感
说明 细腻典雅，与石墨色的金属屋檐搭配。石材的水平分隔辅以深香槟色金属线条，让立面更增细节。

材料应用　天花上金属格栅的形式简洁而不失细节，成百上千只以鸟为原型演变而来的金属装饰片欢快地飞向天空，
说明　演绎主题"生态、自然"；玻璃幕墙与金属透空架的设计使室内通透明亮，同时也将室外的景观引向室内。

① 金属格栅

② 钢化玻璃

③ 金属透空架

D 户型 -1 层平面图　　　　D 户型 -2 层平面图　　　　D 户型 -3 层平面图

① 丝质墙纸

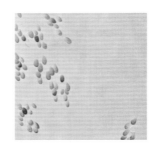

② 丝质墙纸带刺绣

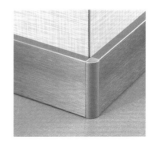

③ 金属地线

材料应用说明｜整个空间采用米灰色系材料，彰显大气奢华，同时大量用了丝质的壁纸，并在局部使用刺绣壁纸提升样板房的整体奢华度。深色的金属线条勾勒出空间的不同层次。

山体台地园林

北京远洋·天著春秋

开发商：远洋集团 ‖ 项目地址：北京石景山八大处西南 800 米

占地面积：90 650 平方米 ‖ 建筑面积：99 716 平方米 ‖ 容积率：1.1 ‖ 绿化率：30%

建筑设计：澳大利亚博涛、DC 国际建筑、维拓时代

室内设计：北京九和空间设计有限公司 ‖ 景观设计：北京顺景园林股份有限公司

主要材料：法国特伦特陶瓦、超白玻璃、石材等

　　"春秋"，既代表着一个久远的历史时期，又寓意着时间的流逝，在四季的更替中经历时代变迁，充满文化的遐想，沉稳大气、极具历史韵味，正如北京远洋天著·春秋带给我们的感受。该项目位于北京西山属地，北靠八大处，西枕翠微山，南临引水渠，傍山依水，兼顾了美好的自然环境和丰富的人文环境。

　　作为西山少有的高端别墅项目，远洋天著春秋无论是建筑还是园林的设计都秉持初心，力求融入西山之中。升级后的天著春秋二期，无论是建筑设计、空间打造、还是居住体验等，都将成为未来城市别墅区样本。其平墅产品面宽大于进深，独享私家花园，全定制化精装，配置高端的材料与设施，重新定义了别墅的生活方式。

远洋地产 ｜ 天著系

SINO-OCEAN 共同成长 相伴一生

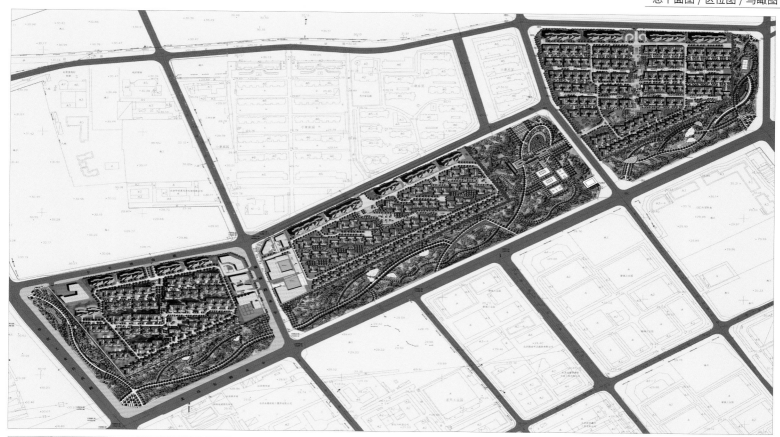

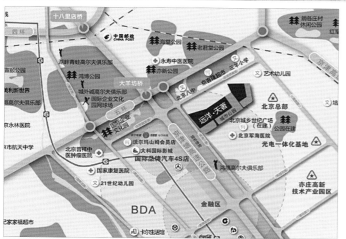

项目概况

远洋·天著春秋坐落在八大处南麓、翠微、平坡、卢师三山环绕，南侧紧邻永定河引水渠，形成难得的"太师椅"风水格局，同时与周边形成十余米天然高差，成为一块私密台地。该项目是北京西五环边唯一的纯低密别墅区，在设计、施工上均遵循国内国际最高标准，以大手笔的规划和投入，打造真正堪称"谱写春秋历史"的别墅巨著。

天著春秋二期是整个项目体量最大、溢价最高的核心部分，其在一期的基础上，融入天人合一的理念，打造西山八大处别墅的升级之作，包括语山观墅、听山平墅和藏山独栋三大产品。

建筑设计

北京远洋·天著春秋的设计充分考虑风水布局，采取与刘伯温设计紫禁城一样的中轴对称设计规制，整个项目建筑严整、气势恢宏。

立面设计上，天著春秋融入了大量中式符号元素。屋顶采用中国传统建筑设计精髓——重檐歇山顶，和天安门、乾清宫统一形式，同时考虑到北京的天气，材料选用经过高达1170度高温烧制、表面色泽稳定超过百年的法国特伦特陶瓦。外立面采用盛唐回形纹，意味"富贵不断头"；菱形窗由中国结演变而来，象征吉祥。

在院落与居室的关系上，天著春秋大量运用灰空间的处理手法，形成院子与外界空间的自然过渡。私家庭院同样采用"巧于因借"的手法，特制的门窗犹如画框，将院中的景色引入室内。

景观设计

天著春秋充分利用园区的地形地势，打造山体台地园林，不仅与西山山脉自然相融合，在居住私密性上也做到了大隐于市的意境。项目采用五重园林设计，从草坪、草花、灌木、小乔木、大乔木层层递进地规划布局，使园林更富有立体感和层次感，在居住的舒适度上也提升了房屋的采光与视野。在植物选择上，天著春秋甄选了大量名贵树种，如：红枫，元宝枫，五角枫，海棠，银杏，蒙古栎等，采用全冠移植技术，使得业主入住即可享受成熟园林美景。

听山平墅样板间设计

听山平墅拥有北京罕见的黄金面宽进深比例，16.5米超大南向面宽，15米进深，是打造舒适的大平层生活线的基础。同时，设计师对空间进行了多重优化，增加卧室及储藏室面积，更加符合家庭居住需求。

南向5.4米面宽的客厅连接私家花园园林景观，同时3.3米层高的设计使得居者具有别墅的居住感受和通透的视觉感官，配以灰色、白色、浅色木皮的材料搭配，营造了精致典雅、宁静悠远的文化气质。厨房设计采用中西双厨分离的布局。开放式的西厨和餐厅融合在一起，可以享受到家庭互动的乐趣。餐厅与后花园相连，使得业主在用餐的同时可享受自然的美景。南向主卧设有超大男女双衣帽间；北侧两间次卧可定制，通过移动、隔断实现三居、四居的灵活变动，满足家庭成长需要。

另外，在一期基础上，听山平墅的二层、三层户型的花园升级为下沉庭院，不仅增加了花园的丰富性和层次感，更彻底解决了地下层的采光问题，让地下空间更加舒适自然。地下层以室内运动场为主题，摆放跑步机、健身器械和大型娱乐设备等，甚至将墙面打造成一面攀岩墙，为家庭每一位成员定制个性生活。值得一提的是，地下和阁楼空间都可以随家庭成员的兴趣加以改造。

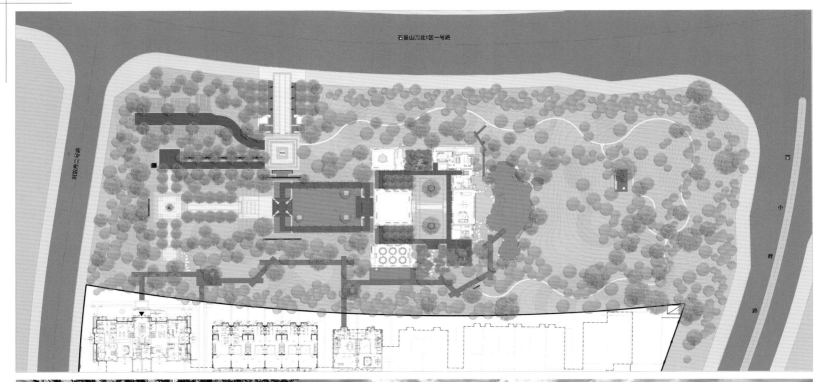

① 特伦特 - 屋面陶瓦

② 黄锈石石材

③ 威卢克斯 - 天窗
超白玻璃

材料应用说明 法国特伦特陶瓦经过 1170 度高温烧制、表面色泽稳定可超过百年，选用其作为屋顶材料，是充分考虑北京天气的结果。建筑顶部采用超白玻璃，大大增加了室内的明亮度。

平墅负一层平面图　　　　　　　　　　　平墅一层平面图

新中式湖居生活典范

昆山北大资源·九锦颐和

开发商：北大资源 ▎ 项目地址：江苏省昆山市

用地面积：134 550 平方米 ▎ 建筑面积：201 825 平方米 ▎ 容积率：1.5 ▎ 绿化率：35%

建筑设计：上海天华建筑设计有限公司 ▎ 景观设计：山水比德股份有限公司北京分公司

主要材料：铝板、石材、金属、超白玻璃等

　　北大资源集团一向以人文和知性著称，其在昆山·九锦颐和项目中的设计，不仅传承未名文化的企业内核，也为江南小城昆山注入了帝都的风尚，让项目既有北方宫苑之沉稳，又有南方园囿之灵动，同时既有东方情韵的传承，又有现代设计的妙笔。

　　九锦颐和定位为人文低密精品社区，产品包括亲水别墅和园景别墅，亲水别墅坐拥秀美湖景，超低容积率配比；园景别墅围绕中央景观，户户有庭院。项目景观设计着眼于自然生态，以自然资源优势作为出发点，结合本土文化与生活，建立人与自然的丰富的沟通方式，收放有致，如昆曲一般舒适婉转，延绵悠长。

北大资源 PKU RESOURCES ｜ 颐和系

项目概况

北大资源·九锦颐和位于昆山市北大资源·理城 3 号地块，是北大资源地产 2017 年在"品质＋资源"战略下的全新升级力作，旨在打造新亚洲风格的纯别墅高端社区。项目由 251 栋园景别墅与 18 栋亲水别墅组成，通过研究城市古老的里坊制度，对传统的居住肌理进行理解与升级，以湖居概念为核心，创造尊贵的地域性现代居住产品，营造兼具现代生活方式和江南气质的居住空间。

区位分析

项目位于吴文化的发祥地——苏州昆山市，人文资源丰富；南侧为汾湖，坐拥南向大面湖景；周边还有阳澄湖、鲤鳗湖、傀儡湖等自然资源，生态环境良好；距离苏州市区 20 分钟车程，距离上海市区 1 小时车程，交通便利，尽享城市配套。

定位策划

项目定位为人文低密精品墅区，为城市打造"城市湖居 3.0 生活典范"，满足中国人骨子里的东方湖居情怀。项目以"居住回归自然"为设计理念，从规划层面、自然环境层面出发，匠心设计别具一格的建筑，把建筑融合在自然环境当中，给人们营造生态宜居的绿色家园。

景观规划

为了营造更好的外部交往空间，设计师在总体层面规划了更具江南诗意的中央轴线，借鉴古典园林"起承转合"的空间处理方式，植入宅门体系，门、庭、坊、园、院、府……各个景观节点衔接为层层递进的空间序列。这种摒弃兵营式布局的规划手法，不仅为客户塑造了游园式回家体验，更是对地域文化底蕴的传承。

示范区设计

建筑设计

示范区的设计把北方的大气与南方的诗意融合在 3 万平方米的绿岛中心。为了强化客户在参观过程中的场所印象与情绪调动，示范区在建筑初期就进行了竖向标高的前置设定，让其核心区域比原始场地抬高了 1.5 米。这个处理不仅让整体轴线呈现了拾级而上的皇城气势，也让贯穿示范区的江南水系呈现出丰富的形态变化。

示范区的建筑形体也从传统文化中寻找灵感，既然向往浓墨重彩的宏伟体量，建筑设计不得不消减更具现代语言的轻灵体量与玻璃盒子，横向飘檐与竖向格栅则在设计中此消彼长。正面"登堂入室"造型经过反复的推敲，深远的屋面以及金属藻井造型赋予传统中式建筑新的时代意义，隐隐透光的格栅诠释出精致和时尚。所有的柱网与分格暗合"九"的模数，寓意北大资源对正统中国文化的追随。

在用材上，建筑主体的深咖色铝板奠定了稳重的基调，浅色石材大气洒脱，超白玻璃晶莹通透，外部以精致的半透格栅点缀，强化建筑的光影变化。

景观设计

示范区严整大气的造型并没有破坏江南曲折有致的地域特色，参观流线由隐秘的白色景墙和绿林出发，经过一条蜿蜒的密林小道，才看到豁然开朗的前场。两侧叠水、铜艺景墙、抱鼓石以及枕木呈左右对称的格局布置，而建筑整体呈现一种恢弘的姿态立于轴线尽头。这种多层次、立体化的景观布置，让客户感受到礼仪与自然紧密结合的轴线引导性。

西侧临湖面从苏州园林中汲取灵感，成为另一种自然的表达形式。反复出现"九"的模数，延续了建筑意义上的正统，但九根柱子的体量被刻意消减，配合纤柔的金属廊架以及不同角度的金属片，组成一幅具有中式韵味的自然画卷。

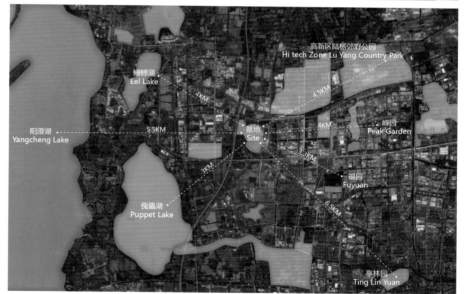

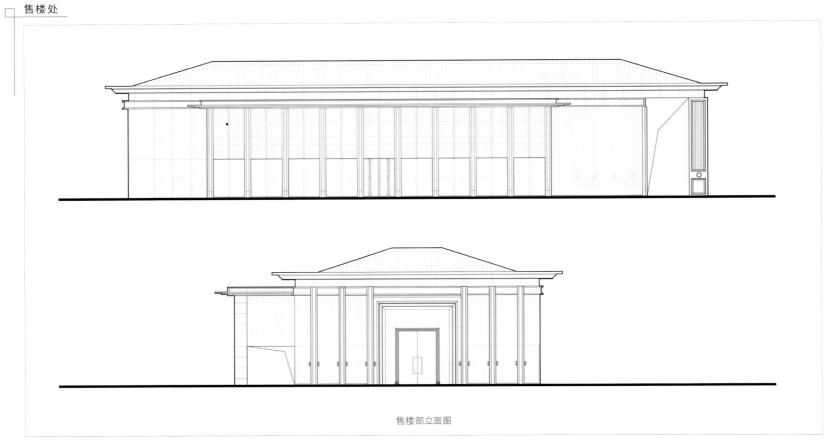

售楼部立面图

① 深咖色铝板

② 仿木色金属格栅

③ 米白色石材

④ 仿铜石材砖

材料应用说明 深咖色铝板屋檐为建筑主体奠定了稳重的基调；浅白色石材立柱大气洒脱，间杂古铜色材料，增加立体感；超白玻璃晶莹通透，外部以精致的半透格栅点缀，强化了建筑的光影变化。

⑤ 仿古铜金属格栅

⑥ 铜钉

⑦ 仿古铜抱鼓石

材料应用说明 铜钉、格栅等细节经过仿铜工艺处理，精致巧妙，与建筑的整体端庄大气形成强烈的对比。抱鼓石这个比较低矮的形象，更加衬托出建筑的宏伟。

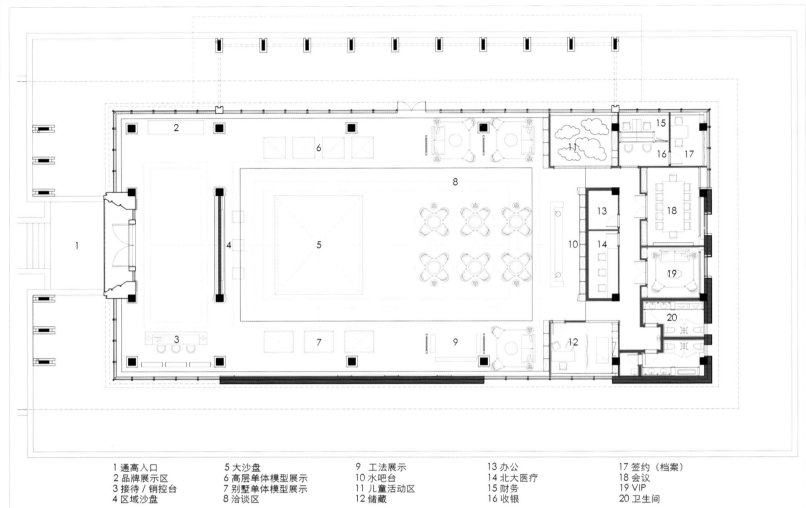

1 通高入口	5 大沙盘	9 工法展示	13 办公	17 签约（档案）
2 品牌展示区	6 高层单体模型展示	10 水吧台	14 北大医疗	18 会议
3 接待／销控台	7 别墅单体模型展示	11 儿童活动区	15 财务	19 VIP
4 区域沙盘	8 洽谈区	12 储藏	16 收银	20 卫生间

售楼部平面图

现代轻奢

轻，是一种态度，

奢，是一种雅致，

现代轻奢，

不炫耀、不张扬，

是一种随性的优雅。

它集现代、自然、简约、时尚为一体，

摒弃了传统意义上的奢华，

简化装饰、返璞归真，

在简单的同时，

有着微妙的细节处理；

看似简洁的外表之下，

常常折射出一种隐藏的贵族气质。

现代轻奢，

是一种恰到好处的精致，

给人时尚前卫却又不失典雅的居住体验。

上海龙湖·天璞

北京首开龙湖·天璞

杭州龙湖·天璞

北京绿地·海珀云翡

重庆融创·滨江壹号

游艇水景　河畔奢居

上海龙湖·天璞

开发商：龙湖集团 | 项目地址：上海虹桥海波路和嘉涛路交汇处
占地面积：90 000 平方米 | 建筑面积：240 000 平方米 | 容积率 1.8 | 绿化率：35%
建筑设计：上海水石规划建筑有限公司
主要材料：金属、卡拉麦里金石材、玻璃、玻璃钢、钢化玻璃、柚木、皮质等

　　"天璞"自始至终追求打造极致的产品，追求对空间、建筑、园林的极致锻造，以"轻奢"为技艺标准，满足了居住仪式的艺术性。上海龙湖·天璞拥有区域唯一三江交汇的天然河景资源，以"城市湾居"的理念，以三条内部水系为动线，打造出三江七园的水岸园居奢境，将景观覆盖率达到最大化，打造全上海最生态最唯美的项目之一。

　　项目巧妙结合地势及景观优势，将超大泳池搬进示范区，使得整个示范区仿若一座岛屿屹立于三江七园之中。玉石镶嵌的景墙、简约典雅的建筑、独具创意的游艇水景结合独具匠心的细节处理，打造独一无二的尊崇体验，处处彰显 TOP 风范，树立居住品质和理想生活的新标杆。

Longfor 龙湖地产 | 天璞系

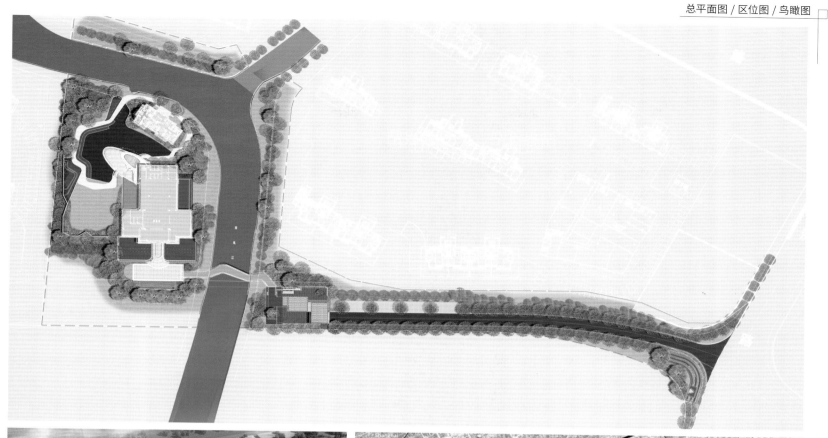

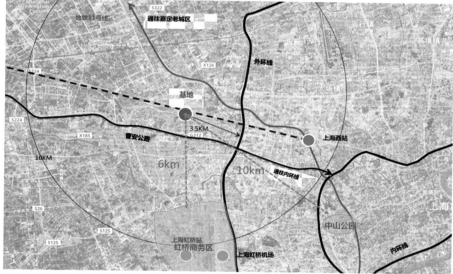

区位分析

龙湖·天璞地处虹桥北部稀贵纯宅地，13号线、14号线（在建中）、嘉闵线（规划中）三轨环伺，嘉闵高架、外环、沪宁高速三架贯通，10分钟达虹桥核心商务区，无缝连接真如城市副中心、长风商圈。项目优享虹桥千亿中心资源及约2670亩"北虹之星"世纪规划，近邻愚园路一小北校、曹杨二中江桥中学等多所知名学府以及新虹桥国际医学中心、品牌商圈等高端优势配套。

示范区设计

建筑设计

示范区的建筑起源于新古典主义风格，同时融入海派建筑的特色，就是人文环境与自然环境的有机结合，尽量采用低窗户大开间采光，适度配合大面落地玻璃幕墙，最大可能地引入景观。

建筑立面设计灵感来源于罗马广场许愿池背景建筑，采用后现代古典主义建筑风格，结合项目特点及定位，立足于古典传统，用古典传统的符号来装饰现代建筑，吸收古典主义的要素，通过现代玻璃幕墙与古典拱券的完美融合，将现代的新法组合传统的部件，使现代主义和古典主义相结合。

景观设计

入口景墙：景墙上的玉石引入BV奢侈品工艺，经能工巧匠精雕细琢，实现全国首创玉石与墙体交织镶嵌，每个细节均见极致匠心。景墙下的山型群雕缩千里江山于方寸，一景一精。其表面的水墨山水纹路犹如江浪，在镜面水的倒影下，突显高贵内敛的山水空间意境。

售楼处水景：售楼处区域以一方静水为中心，将玻璃售楼处倒映其上，对面两处跌水飞瀑流淌，动静相宜。静水浅池镶嵌了若干小灯，夜晚水面上星星点点，繁浩如星空，浪漫动人，把水的性格发挥到极致。大面积静水面保证溢水均匀，跌水面以龙鳞装饰，彰显品质感。

后场景墙：后场景墙复刻上海外滩的城市天际线，体现了海派与现代的融合，与具有上海顶级气质的外滩相呼应。入夜，流水形池边那别具一格的光影效果，令人神往。

游艇水景：游艇延续建筑风格，协调景观风貌，突出游艇主题，营造都市风情。游艇以米白、咖啡色为背景色，以原木色、核桃色作为主题色，局部点缀温暖的棕红和青灰色，深入挖掘写意山水色彩元素，结合现代都市质感，充分体现现代都市新贵色彩。完美的弧线结合实木、真皮和钢材，平添了几分西式的贵气。通过模型推敲材质与比例，游艇最终采用玻璃钢胶工艺保证造型的流畅与表皮的纯净。

样板房设计

80平方米两房、100平方米和117平方米的三房，龙湖·天璞在沪上同类面积里做到了上海滩的3.1米层高、双玄关设计，三房朝南户型，面宽近十米的阔景阳台。入户大堂采用整面水墨玉镶嵌以及入户玄关处采用玉石拼花地面造型，奢华尊荣又具有吉祥镇宅效果，展现堪比别墅级的产品力，大幅度提升舒适度。

样板房的装修选择了更贴合现代住宅发展趋势的极奢精装系产品，并呼应"天璞"的名字，巧妙应用玉石元素。无论是精装的选材、规格、品质、等级都以国际化一流标准来选购和建造，尤其在科技感和人性化的层面上，切实从住户的日常居家体验入手，规避不合理家居设计和配置带来的痛点，每个细微之处都彰显出项目的非凡品质。

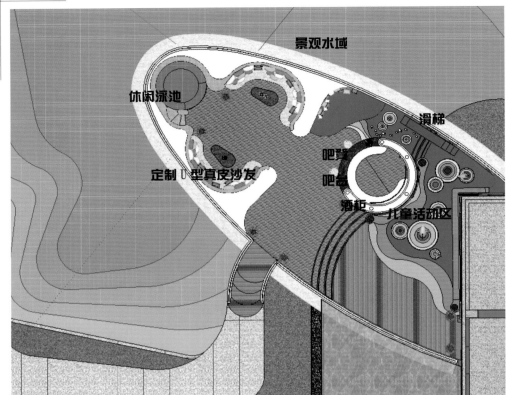

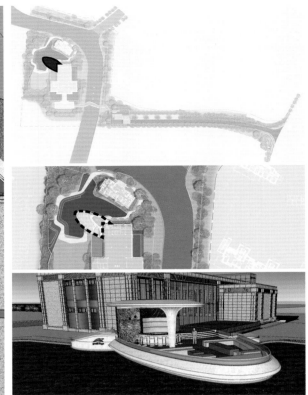

材料应用
说明 "白色游艇"采用玻璃钢胶工艺以保证造型的流畅与表皮的纯净。完
美的弧线，平添了几分西式的贵气，纯白的外形，是现代与古典的碰撞。

① 玻璃钢　　　　　　② 钢化玻璃　　　　　　③ 柚木地板

材料应用
说明 造型玻璃钢、无框钢化玻璃栏杆、柚木地板、真皮沙发，再加上室内精装标
准的吧台，极尽奢华的材质、现代时尚的设计，为客户带来惊艳的第一印象。

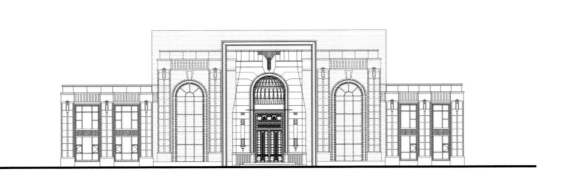

①~⑨立面图 1:100

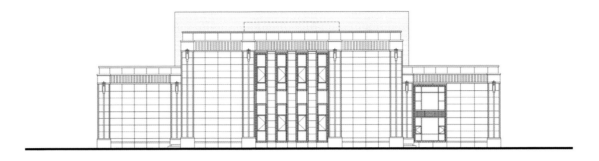

⑨~①立面图 1:100

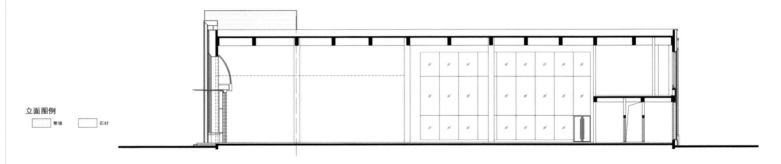

立面图例

幕墙   石材

1-1剖面图 1:100

1 玻璃幕墙

2 卡拉麦里金石材

材料应用 说明 两侧大面现代玻璃幕墙与古典入口拱券完美融合，幕墙与石材交接处配以古铜色金属包边，将怀古的浪漫情怀与现代人对生活的需求相结合，兼容了华贵典雅与时尚现代的文化品位。

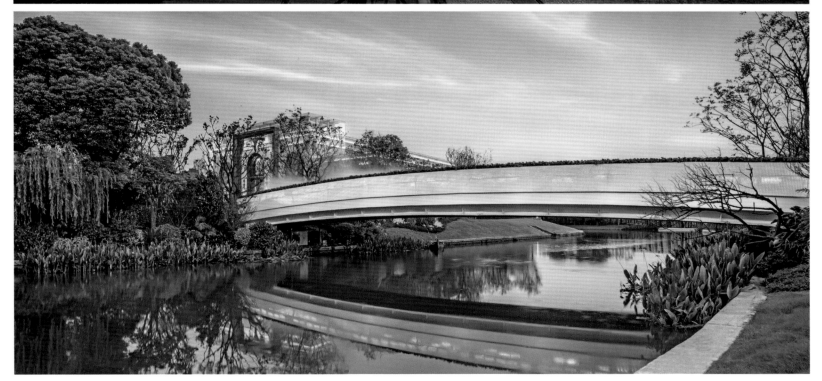

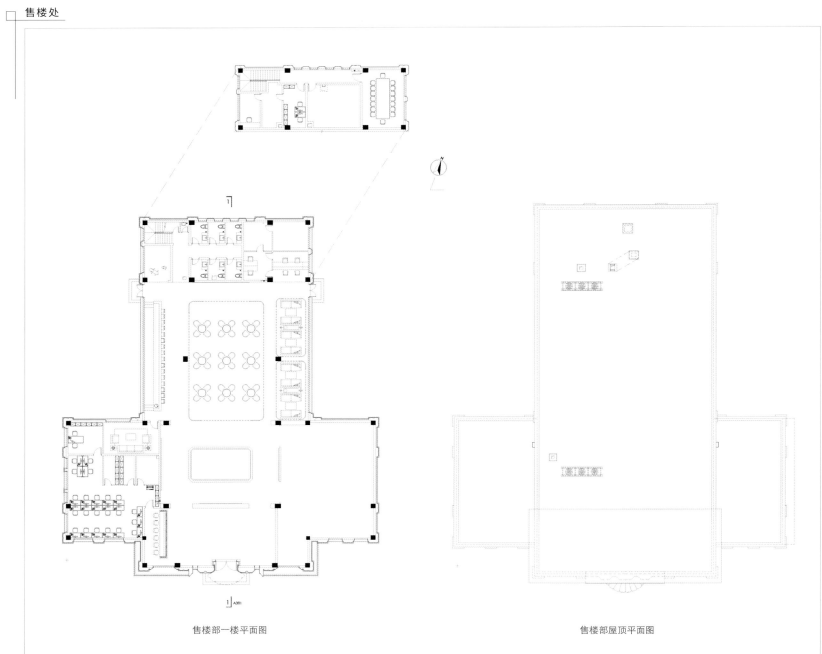

售楼部一楼平面图　　　　　　　　　　　　售楼部屋顶平面图

材料应用 说明 ║ 售楼处接待厅进入视觉就是顶级山水玉迎门，其精致的纹路似湖波，又似起伏的山川，极具震撼感和艺术美。

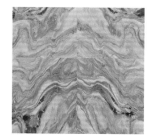

① 山水玉石材

② 木饰面

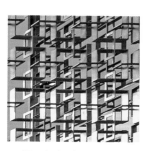

③ 金色金属隔断

④ 云多拉灰大理石地板

材料应用 说明 ║ 客户洽谈区金属镂空隔断以及山水纹墙纸，将中式的古典美与现代美学相融合，充满了视觉美。

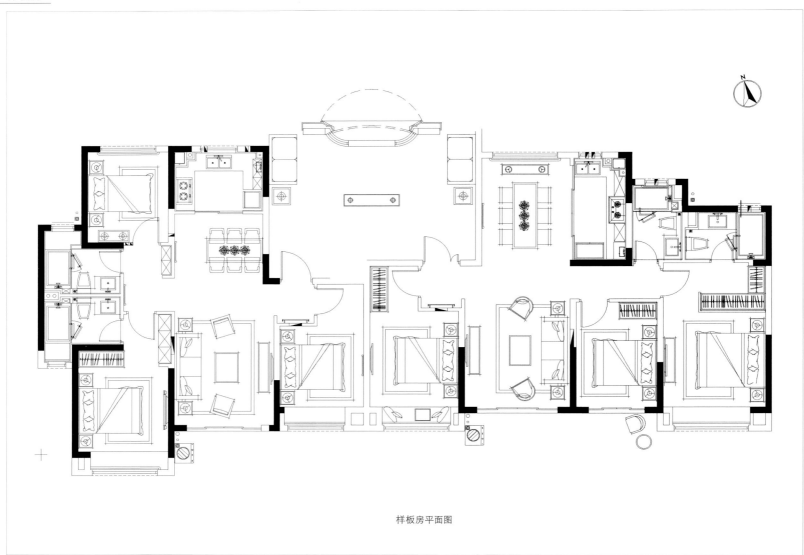

样板房平面图

细节磨砺 化璞为玉

北京首开龙湖·天璞

开发商：龙湖地产 ｜ 项目地址：北京市朝阳区东坝中街与驹子房路交汇处
占地面积：22 000 平方米 ｜ 建筑面积：66 000 平方米 ｜ 容积率 2.2 ｜ 绿化率：40%
建筑设计：水石国际
主要材料：米黄色地砖、黑卵石、浅黄色洞石、花岗岩、大理石等

"璞"，原意是未经雕琢的美玉。"天璞"，寓意天间美玉，蕴藏巨大价值，并且等待有缘的高超工匠前来开发的宝石。任世界再繁杂，匠人的内心却是安静的，他们通常都有一门手艺，专注于自己的作品，精雕细琢，做到极致，而龙湖地产就是将这块宝石雕琢成美玉的匠人。

作为龙湖天璞系的开山之作，北京首开龙湖·天璞无论是营造理念还是对空间、建筑、园林的极致锻造，都给市场带来耳目一新的感受，充分体现了"天璞"的质感。"建筑让位于自然""像做公园一样做社区"这样的理念贯穿于首开龙湖·天璞的营造始终。天璞的每一个建筑细节，都在设计、艺术、历史、文化等诸多方面做了充分的背书，重新赋予它厚重的人文精神。

LongFor龙湖地产 ｜ 天璞系

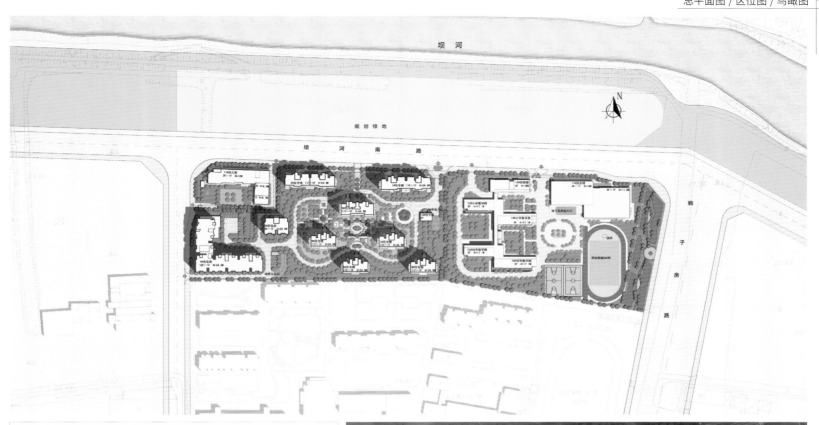

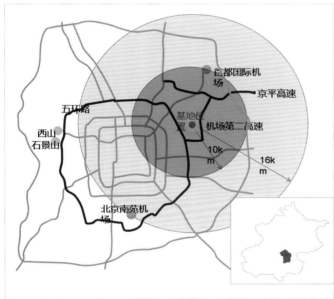

区位分析

"天璞"位于首都北京中心城区—朝阳区，千年古都决定了其特有的历史文化背景。项目用地属于东坝南区板块，紧邻东坝国际商务区及第四使馆区，地块潜力大。基地周边以居住社区为主，交通方便，周围生活学习配套设施十分齐全。北侧紧邻坝河，环境优越，可利用资源丰富。未来东坝区域将分为北区、南区、居住区，其中北区集中了东坝商务区、大望京商务区，中央商务区东扩将会使区域的整体价值得到提升。在十二五规划中，项目所在地区规划成东坝国际商贸中心，培育和孵化一批具有国际竞争力的经营企业。

规划设计

项目整体规划理念依托东坝宜居、人文的环境和区位优势，打造一个有别于常规钢筋混凝土式住宅盒子的产品，让人有更多的户外生活空间、更多的交流场所，回归一种休闲、带有典雅情怀的平层别墅式大宅生活。项目住宅区总共由10栋建筑组成，其中包含2栋自住商品房、7栋商品房和1栋配套楼。总规划商品房198户，自住商品房273户。

商品房区域采用通透性更大化的建筑布局，采用点板结合、分散布局、建筑朝向为正南向，7栋11层的空中平墅式住宅南北平行布置，最大程度利用了用地东西面宽优势，融合通透的形态空间和院落空间，保证建筑物夏季通风凉爽，冬季日照充足。

建筑设计

建筑风格采用后现代古典主义，结合项目特点及定位，立足于古典传统，用古典传统的符号来装饰现代建筑，吸收古典主义的要素，通过现代的手法组合传统的部件，使现代主义和古典主义相结合。立面材料以石材及仿石涂料为主，体现豪宅的品质感；阳台采用玻璃与铁艺相结合的形式，营造特有的风格情调；局部采用金属铝板纹饰，体现项目的历史文脉。

龙湖天璞建筑立面为ARTDECO风格，采用大开窗小开启的景观窗设计，视野更加开阔，对窗外的景色有更加直观的感受。窗户、阳台、外部立柱均采用纵向的纹路，但外立面的石材为横向铺装，整体外观看起来纵横交错，立体感强烈，建筑表现力十足，张扬着活力和坚固感。

景观设计

项目景观采用酒店式景观的设计手法，在追求精致化的细节中带有生活化的情调。入口处跌水瀑布是项目景观最大的亮点，瀑布充分利用地形的自然高差，结合入口的轴线对景，安排了休憩广场、景观亭、景观瞭望台等空间，形成一处精彩的景观节点。

整个景观设计顺应山体及建筑布局，强调台地庄园的特色，在不同标高的庭院之间形成互动，视觉通透，层次丰富，又充分照顾到隐私的需求。

室内设计

在室内设计上，天璞拥有1.8米的开阔悬空错层露台、开放式客厅、不低于三个主力居室空间面南，卧室使用全套房配置。作为TOP系产品，天璞室内还有上百处考究的细节设计：低碳环保的国际化家居的引入、PM2.5空气系统的应用、双精装大堂的尺度、达到国际LEED金级标准和中国住建部绿色建筑三星标准的建筑设计……满足高端家庭对于生活空间的品质要求。

材料应用说明 入口门庭以浅黄色洞石景墙围合，地面采用同色系石材，再以黑卵石点缀，从材质和细节上彰显尊贵感和艺术感，形成深宅大院的感觉。

① 芝麻灰花岗岩

② 米白洞石

③ 中国黑大理石

② 黄锈石花岗岩墙面

材料应用说明 入园路采用浅米色花岗岩石板，配上路两边的镜面水池，让人感觉石板路像是"漂浮"在镜面水池之上。石板路上不规则镶嵌的大量发光光纤，则使得夜晚的水面上星星点点，把水的灵动气韵发挥到极致。

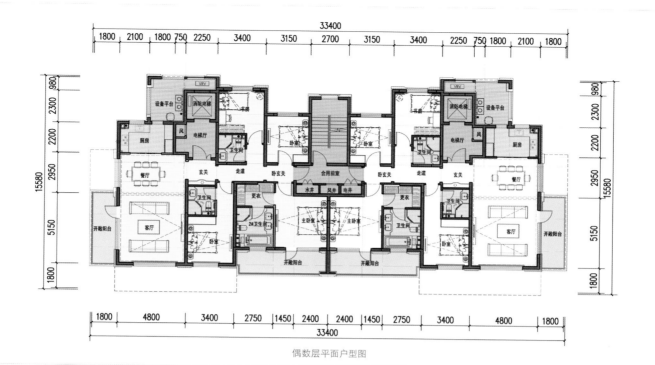

偶数层平面户型图

奢雅风范 现代乐居

杭州龙湖·天璞

开发商：龙湖地产 | 项目地址：杭州市奔竞大道与金鸡路交叉口

用地面积：46 761 平方米 | 建筑面积：188 436.14 平方米 | 容积率：2.8 | 绿化率：30%

景观设计：上海易亚源境景观设计有限公司

建筑设计：匯张思建筑设计咨询（上海）有限公司

主要材料：LOW-E 玻璃、钢板、花岗岩、钢柱、穿孔铝板、灯带等

　　"天"：天生不凡，是等级的象征；"璞"：世间美玉，寓意自然生态。"天璞"同时由英文 TOP 的中文音译衍生而来，代表着对卓越品质的追求。"天璞系"是龙湖最顶级的精装平墅产品。杭州龙湖·天璞是龙湖地产继北京龙湖·天璞和上海龙湖·天璞的第三个"天璞系"高端住宅，所在的奥体板块在景观资源、商业配套、交通配套等方面均有优势，发展潜力巨大。

　　在产品设计上，项目继承了龙湖多年的设计风格以及品质，恰到好处地把握中式元素和西方古典建筑的尺度，形成典雅又富有现代活力的建筑形象。其景观则大胆地引入了游艇的概念，结合超大的泳池设计，给予人独特的奢华感。

LongFor 龙湖地产 | 天璞系

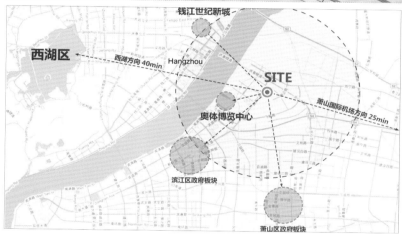

项目概况

杭州龙湖天璞龙湖的第三座"天璞系"作品，地处奥体板块核心区，拥有日渐完善的立体交通网络以及商业、医疗、教育等配套。项目以龙湖经典别墅"原著系"为产品脉络，全新演绎第四代墅级洋房形式。项目由14幢精装洋房和精装高层组成，包括北侧9幢高层和南侧5幢10层左右的洋房，主力建筑面积约为105-168平方米，户型有106-140平方米平层和156-163平方米洋房。

景观设计

项目深入挖掘钱塘江"江潮"文化与天璞系"璞玉"概念，以现代时尚的设计手法演绎园区的平面布局。设计师将体验区的游艇平台植入大区，与中心水景相结合，形成园区的核心水景。中心水景通过水系向四周发散，串联各个宅间组团绿化，形成完整的景观结构。

建筑设计

龙湖·天璞是龙湖体系内最高端精装系列，由9栋精工高层和5栋墅级洋房围合而成。高层采用现代典雅风格，3层以上采用仿石铝板材质，线条简洁、大气、挺拔、力量感十足，在近人尺度辅以精致古典线脚，含蓄内敛。整体张弛有度，收放自如；洋房采用中式融合风格，提炼杭州古都文脉，融汇中国传统建筑细节与西方经典建筑秩序，外雅内奢，远观恢宏大气，近观婉约精致。

示范区设计

建筑肌理：龙湖·天璞从杭州的新旧建筑的材质肌理中提取元素，用当代的手法进行重组，艺术性地赋予景观表达方式。白色派的统一单色风格，展现了现代、简洁、优雅、灵动的空间场景氛围。这与当下灰色调的厚重风格、繁琐的装饰元素，形成了鲜明的对比和反差。

主入口：摒弃传统酒店式落客空间设计，以外向喇叭口布局形式向城市界面展示项目气质；入口的高差处理令业主归家能够形成拾级而上的尊贵感，两侧跌水水景烘托氛围，点景大乔与"璞玉"树池相映成趣，构成园区时尚、大气的品质入口。

星河廊桥：悬浮廊桥是售楼处的延伸，自然和谐，没有生硬碰撞的感觉。桥体多段折线形体，配合倾斜支撑结构，顶部穿孔铝板随阳光而变化，形成光影斑驳的效果，使整体廊桥呈现飘逸轻盈的感觉。廊桥的侧壁如同波浪一般的起伏，隐喻着山体的形状，山悬浮于海面之上，与不远处一艘整装待发的"游艇"融为一体，成为视觉的焦点。

游艇CLUB：游艇的运用可以说是天璞的标志、爆点，如同中心城堡之于迪士尼乐园，成为豪宅品质的一种新定义以及一种独特的体验设计。游艇平台与中心水景有机结合，设计利用竖向高差形成跌水效果，展现多维度、多视角的观赏水面。水系植入了不同的功能设置，包括供幼童戏水的跳泉互动区、可举办私人聚会的游艇平台区、供邻里交流的滨水休憩区以及业主亲子踏浪、溪流漫步的中心水环区，并通过丰富水景的形式增加来访者的参与性。

售楼处设计

售楼处的立面设计源于新古典主义风格，采用西方古典轴线对称的石材立面，同时融入杭州作为历史古都的气韵，增加精巧雅致的中式细节，远观恢宏大气、威仪礼序，近观婉约典雅，精美细腻。建筑尽量多地采用低窗大开间采光，最大限度地引入示范区景观，符合当代人对奢华品质和理想生活的向往。

0 5 10 20

01 人行主入口
02 下沉庭院
03 车行入口
04 地面停车区
05 车行入口
06 康体花园
07 风之谷
08 家庭花园
09 亲水平台
10 艺术水景
11 水吧会所
12 园之丘
13 巷门
14 主题巷道
15 主题架空层

材料应用 说明 悬浮廊桥顶部采用穿孔铝板，具有"洒落"光影的效果，使整体廊桥有轻盈、梦幻的感觉；白色钢柱作为支撑结构，随着桥体形体变化改变倾斜度，凸显廊桥的飘逸起伏。

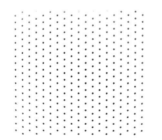

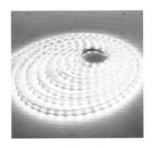

① 白色钢柱　　　　　　② 穿孔铝板　　　　　　③ 灯带

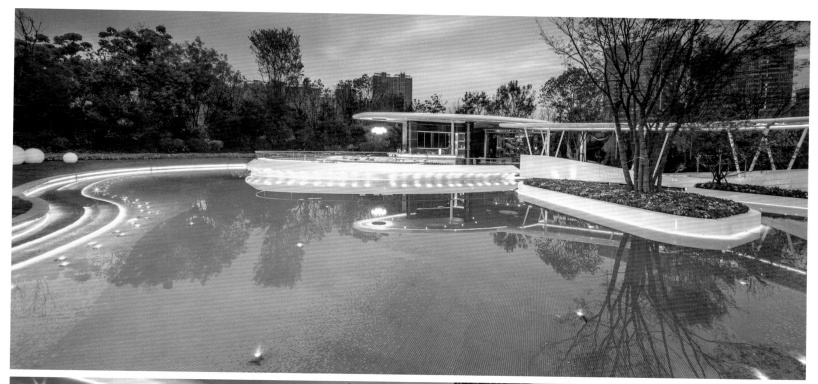

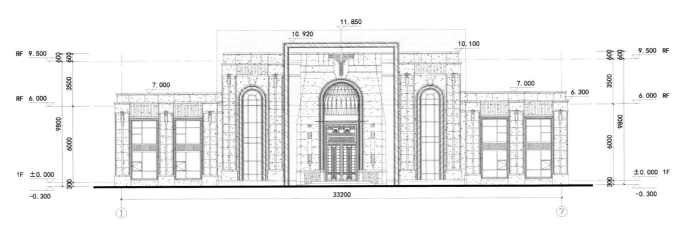

售楼处1~7轴立面图 1:100

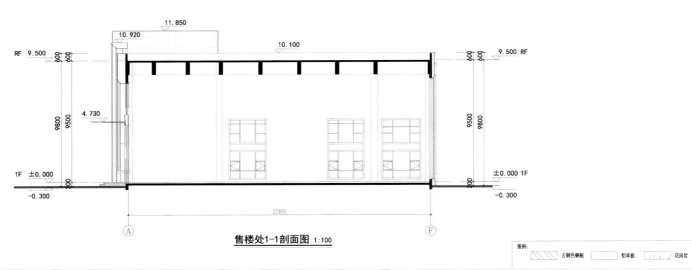

售楼处1-1剖面图 1:100

① LOW-E 玻璃

② 白砂花岗岩

③ 古铜色钢板

材料应用说明 立面石材选用白色的花岗岩，展现了现代、简洁、优雅的建筑形象；古铜色钢板的采用则为整个场景增添了几分古朴精致的中式意境。二者结合，远观恢弘大气，近观婉约典雅。

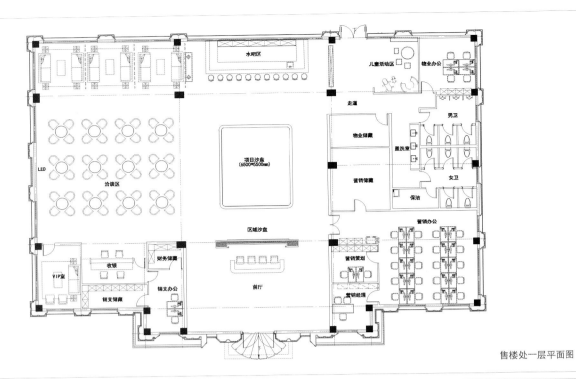

售楼处一层平面图

顶跃一层平面图

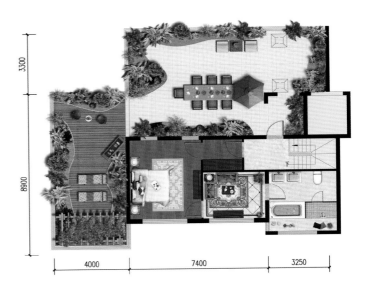

顶跃二层平面图

海派东方 书写传承

北京绿地·海珀云翡

开发商：北京绿地京翰房地产开发有限公司 ▏项目地址：北京市大兴区黄村镇

占地面积：45 195 平方米 ▏建筑面积：120 599 平方米 ▏容积率：2.8 ▏绿化率：30%

建筑设计：上海柏涛建筑设计咨询有限公司

主要材料：米黄色石材、金属、大理石、金属漆、不锈钢、玻璃等

　　绿地高端住宅产品"海珀系"凭借着在一线城市稀贵核心之地，深度挖掘优势资源的占有与整合、极致人性化产品规划以及层峰圈层服务，为城市高净值人士缔造出超越想象的品质建筑，成为名副其实的海派居住代言者，更开创了当代豪宅新纪元。

　　绿地·海珀云翡是绿地入京以来打造的首个"海珀系"高端住宅项目，汇集了绿地多年的精筑经验，以雅奢品质为魂，彰显海派精致理念，恪守绿地集团严苛的择址观、产品观以及平台观，高规格统配理想家、百年宅、爱丽乐居、智能家居四重人居体系，旨在突破传统居住格局，将人的感受高度提升，以极致匠心品质，让豪宅回归生活本质。

绿地®集团 ▏海珀系

区位分析

项目位于北京市大兴区黄村镇，五环与六环之间，是北京市区与未来雄安新区的重要中心节点；西邻京开高速，距地铁大兴线清源路地铁站约1千米，交通便利；作为首都新机场的辐射区域，高端人才导入前景较好；周边多个商圈环绕（大兴缤纷城商圈、西红门商圈等），基础设施、商业配套较为完善，生活便利。

建筑设计

项目建筑立面采用后现代古典建筑风格，以典雅、厚重、体量感为基本特征，对建筑整体采用错、漏、退的设计处理手法，与现代城市环境氛围和谐一致。建筑立面简洁硬朗又不缺乏细部，形成丰富的空间效果和戏剧化的阴影关系。高层的顶端部分采用了局部退台的处理方式，使得建筑错落有致，体量关系简洁明快，同时形体的凸凹变化及高低错落，形成了丰富的轮廓线和建筑景观。

材质上，采用米黄的的外墙材料配以深咖色金属漆，营造出舒适、愉悦、暖人的空间环境，细节上充分考虑材料的肌理、色调以及尺度的运用，简约中富于变化。

景观设计

项目尊重北京的历史文脉，致敬传统的"燕京八景"，借助绿地所特有的"理想家景观"打造双庭八院的景观构成。全龄化景观设计强调"适老、适幼"，让全年龄段的业主共享丰富的景观资源，感受四季交替带来的内心愉悦，搭建优质和谐的邻里关系。

示范区设计

海珀云翡项目示范区着力打造"海派精雅润泽北京"的精神内涵，在平面布局上侧重移步易景的设计手法。示范区从精神堡垒开始逐步对客户进行情绪渲染，从主入口的雅致到步道的多层次营造，再到巨幅影壁的精雕细琢均体现项目自身的精神内涵以及内敛雅奢的产品气质。

售楼处设计

售楼处在场地中采用类似于中国画中留白的手法，内退场地形成超大尺度的景观空间。入口处设置水景，金属路引等配置强调仪式感。建筑设计结合现代主义时尚生活与京味文化的地域精神，以典雅简欧的建筑形式以及现代化的材料语言构建了雅奢尊贵又不失文化传承的空间。

室内设计通过一系列独特的构成元素，将传统的东方韵味融入到现代的生活情趣中去。大量采用金属、玻璃等材料营造山水、云景等抽象造型布置在墙面、吊顶等位置，在体现项目内涵的同时营造虚实相映、明暗互动的室内效果。

景观设计

入口作为整体形象的第一印象，力求体现出尊贵的府邸概念，并呈现北方建筑的尺度与气度。墙面上利用叠山的肌理概念，让入口光影更加丰富。在进入中庭前，设计师以一条通道作为过渡，伴随着潺潺流水，让人能静下心来酝酿情绪。山水雕塑利用不锈钢材质弱化存在感，并将山水交融的概念及太湖石的"透"的手法运用其中，反射和洞察一切美好的事物。

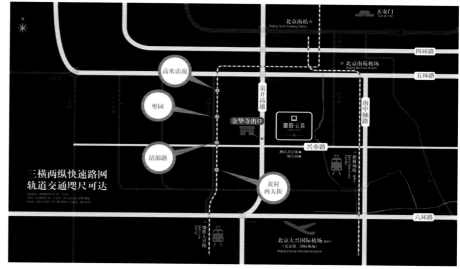

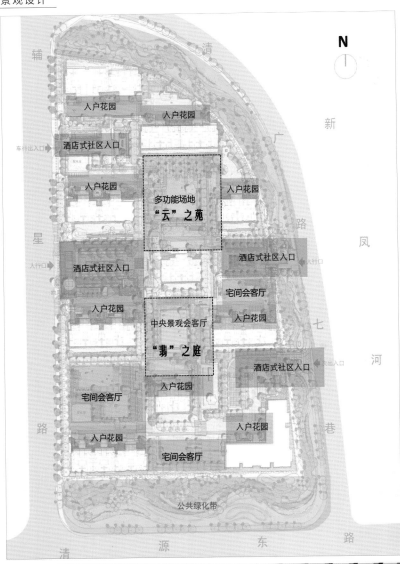

① 金属漆

② 西班牙米黄石材

③ 深咖色金属

④ 大理石雕刻装饰

材料应用说明 米黄色的石材搭配深咖色金属，给人以舒适的视觉体验，同时又不失尊贵。大理石装饰在细节上丰富了整个场景，简约中又富有变化。

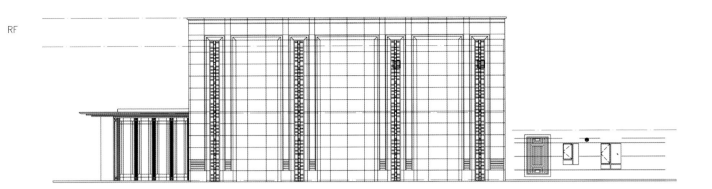

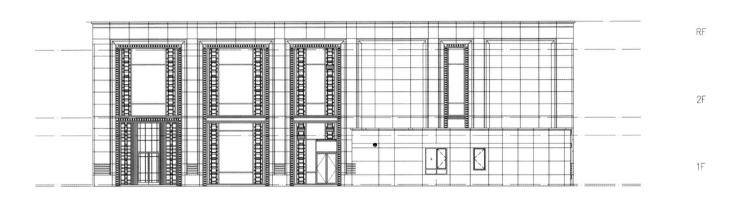

售楼处立面图

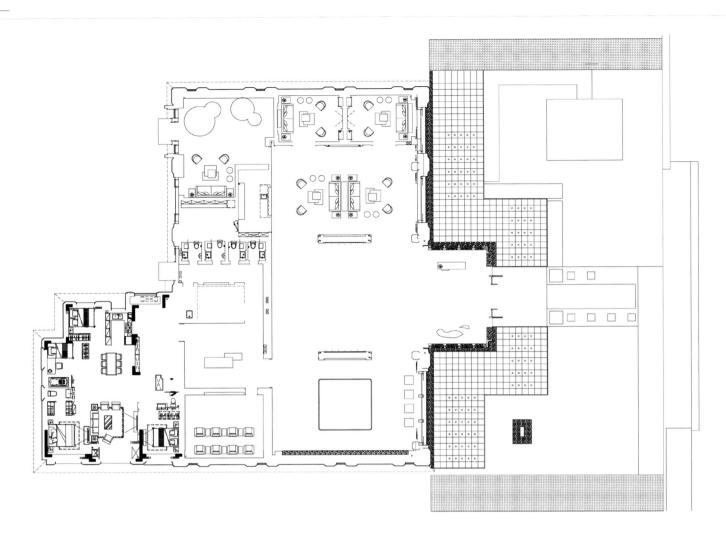

售楼处平面图

 **1** 不锈钢

 **2** 超白玻璃

 **3** 闪电米黄石材

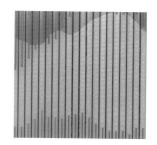 **4** 木条装饰

材料应用说明 ‖ 室内空间采用石材、金属、玻璃等材料营造山水、云景等抽象造型，营造出虚实相应、明暗互动的效果，同时也体现了项目内涵。

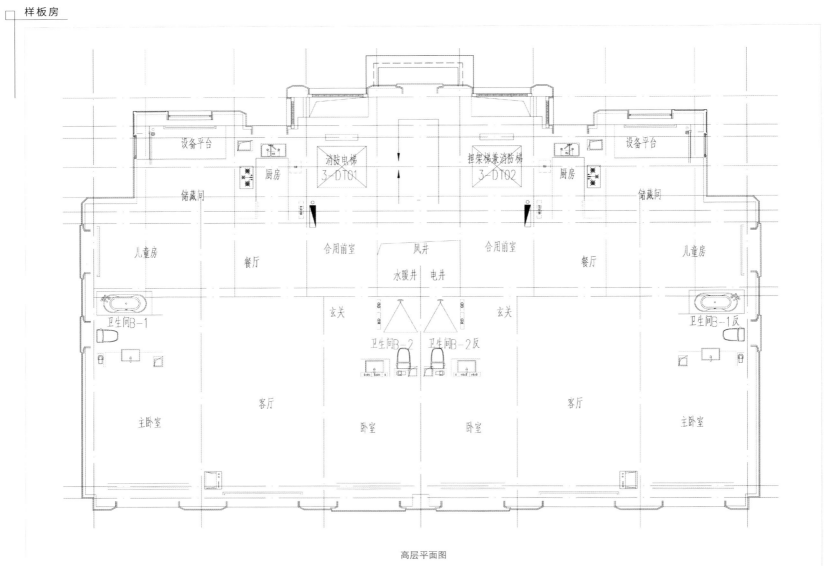

设备平台

消防电梯
3-DT01

担架梯兼消防梯
3-DT02

设备平台

厨房

厨房

储藏间

储藏间

儿童房

餐厅

合用前室

风井

合用前室

餐厅

儿童房

水暖井　电井

卫生间B-1

玄关

玄关

卫生间B-1反

卫生间B-2

卫生间B-2反

客厅

主卧室

客厅

卧室

卧室

主卧室

高层平面图

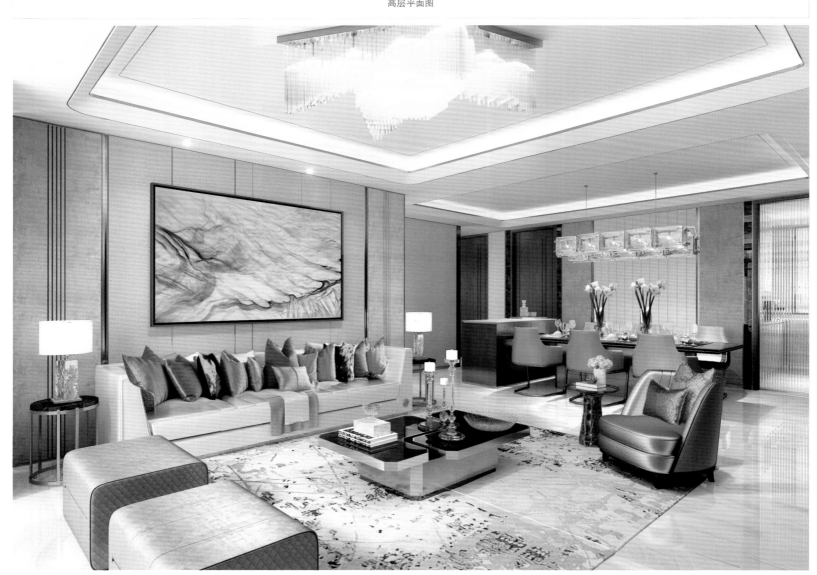

人文江湾一府藏

重庆融创·滨江壹号

开发商：融创中国重庆公司 ┃ 项目地址：重庆市沙坪坝区滨江路

用地面积：96 000 平方米 ┃ 建筑面积：376 000 平方米 ┃ 容积率 3.92 ┃ 绿化率：30%

建筑设计：上海大椽建筑设计事务所 ┃ 景观设计：重庆玮图景观设计有限公司

主要材料：玻璃、米白色石材、深咖色铝板、水晶、铁、大理石等

　　重庆融创·滨江壹号场地曾是重庆特钢厂旧址，承载着历史厚重的特钢记忆，这里面朝青波蜿蜒的嘉陵江，背靠郁郁葱葱的歌乐山，紧邻第四代滨江路滨江公园，依山傍水，恰似桃园之境，清新怡人。

　　基于场地特质，项目示范区重拾山水城交互的人文记忆，并结合所在区域的工业底蕴、学府气质和巴渝文化，串联山、水、书院和旧工业四大要素，为重庆展现了一座充盈着人文艺术氛围的滨江生活示范区。其建筑沿袭了书院式建筑的精髓，形成潜藏院后藏亭的独特建筑格局，景观运用写意的设计手法，将山、水的理念与历史文化相互交融，演绎了五种不同的山和水，营造出一种万水千山的美感，为人们描绘出一幅未来美好生活的瑰丽画卷。

SUNAC | 壹号系

定位策划

  项目规划高层、洋房、公寓、商业等产品业态，共分五期开发，一期为瞰江高层华宅、二期临公园法式洋房和品质舒适高层；三期为大围合中庭景观高层；四期集中商业；五期精品公寓，将成为重庆江岸线上又一高品质标杆作品。

区位分析

  重庆融创·滨江壹号位于重庆中央带的滨江高端生活区核心，面朝嘉陵江，背靠歌乐山，坐拥"一江一山八公园"城市极致自然资源、便捷的立体交通网络、丰富的多元商业配套、一站式名校教育以及城市丰富的文化资源。

示范区设计

  项目重拾山、水、城交互的人文记忆，并结合所在区域的工业底蕴、学府气质和巴渝文化，串联山、水、书院和旧工业四大要素，展现了一座充盈着人文艺术氛围的滨江生活示范区。

景观设计

  项目以"人文山水"作为景观主题，以轻奢度假酒店景观风格，铸造"湾区（滨江）十景"，运用写意的景观手法，将山与水的理念与历史文化相互融合，提取江居意象五形四感，并结合嘉陵江和歌乐山，演绎五种不同的山与水，营造了一种万水千山的美感。

  入口：蝴蝶雕塑"飞扬蝶舞"辅之成片的花海，寓意重庆滨江文化生活区的蝶变。

  前庭：从空间美学的角度修筑34米长的水镜面为中轴，两岸银杏夹道，笔直挺立、身姿威仪，营造出最崇高并具有艺术美感的归家礼仪。

  主题艺术品：水景两侧设计了"高山流水"主题艺术品，其山体线性经过反复推敲，超规格尺度设计，由39块苹果专卖店外墙级别玻璃定制加工而成，每片玻璃单独切割，工艺复杂，造价近百万。两侧玻璃盒子里的"金属山"艺术品预示着山脉起伏，与长水景一起呼应设计主题，也体现了项目最核心的山水自然资源。

  后院：雕刻精湛的古朴泰山石与喷涌的溪泉组成精美的艺术小品；浅水池边设有纱帘飘舞的景观亭搭配镶嵌在池台里的沙发，打造惬意的休憩之地；此外，项目结合特钢的工业气质，专门打造了"特钢记忆"主题观江平台。为了打造更好的观江效果，专门修建了禅意院落与创意茶室，名为风雅香榭。

销售中心设计

建筑设计

  销售中心采用大都会建筑设计风格，建筑遵循横三竖五的古典造型，强调对称感以及向心力；在建筑头部进行收分，并增加层次，提升视觉冲击力，使建筑更挺拔，更具气势；实墙面与开窗面线条平直，框体约束感明显，结合中央玻璃体的龙骨构架，共同组成网格型构图；区分建筑重心并强化，使建筑拥有很强的视觉记忆点；选材上运用金属、玻璃等现代感十足的材料，重新演绎都会风格中的古典元素，让建筑形式更加时尚。

室内设计

  销售中心有机融合"人文情怀＋特钢记忆＋图书馆＋艺术空间"，在室内空间营造上重视人的感受，强调体验感、互动性与参与感，打造一个艺术生活体验馆。艺术图书馆的书架墙上摆放着各类图书，陈列着特钢历史的工业摆件，还有金雀牌电视、东方红缝纫机等代表重庆的工业产品，既拥有浓郁的书香，又藏有时代的历史底蕴。二楼的晓叙美学空间以古朴的装饰风格和简约的设计，将书籍、油画、雕塑与咖啡相结合，集艺术展览与图书阅览功能于一体，营造了一个温馨的艺术享受空间。

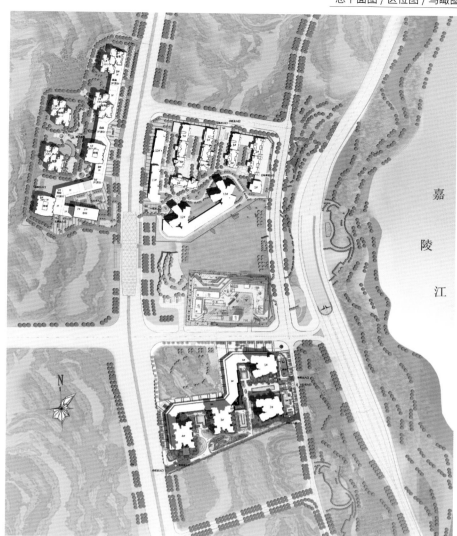

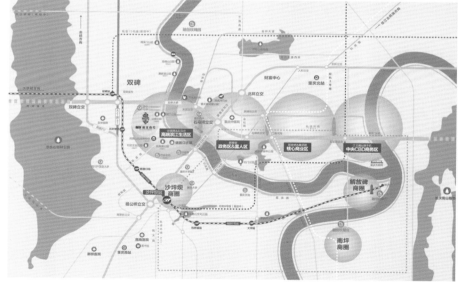

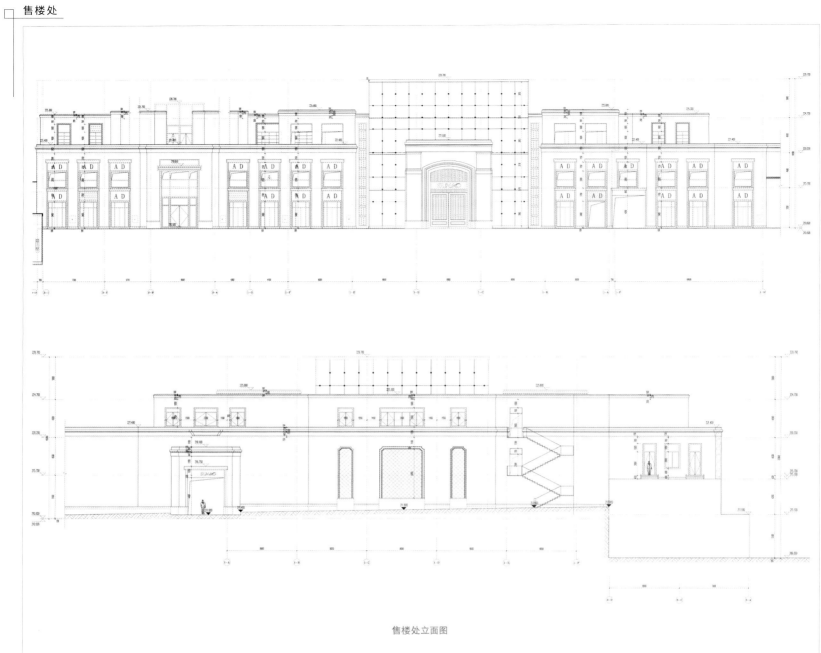

售楼处立面图

1 深咖色铝板

2 玻璃幕墙

3 米白色石材

材料应用说明 ‖ 建筑主体采用米白色石材，彰显优雅、厚重之感；同时运用金属、玻璃等现代感十足的材料，重新演绎都会风格中的古典元素，让建筑形式更加时尚。

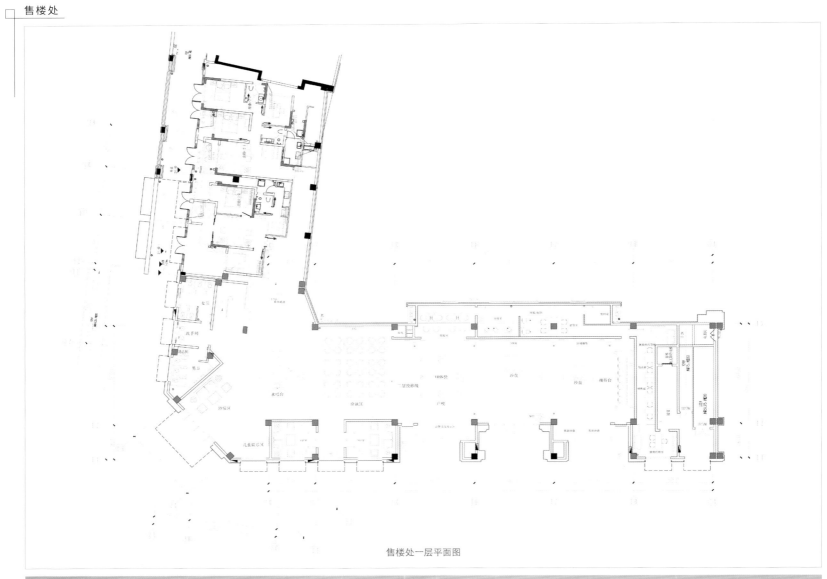

售楼处一层平面图

1 铁艺屏风

2 蓝金沙大理石

3 水晶吊灯

材料应用说明 精致的水晶吊灯"盘踞"沙盘之上，犹如白云飘落；深色的大理石材地板与墙面铁艺屏风的图案，在工业风中萦绕出自然、温馨、浪漫的情调。

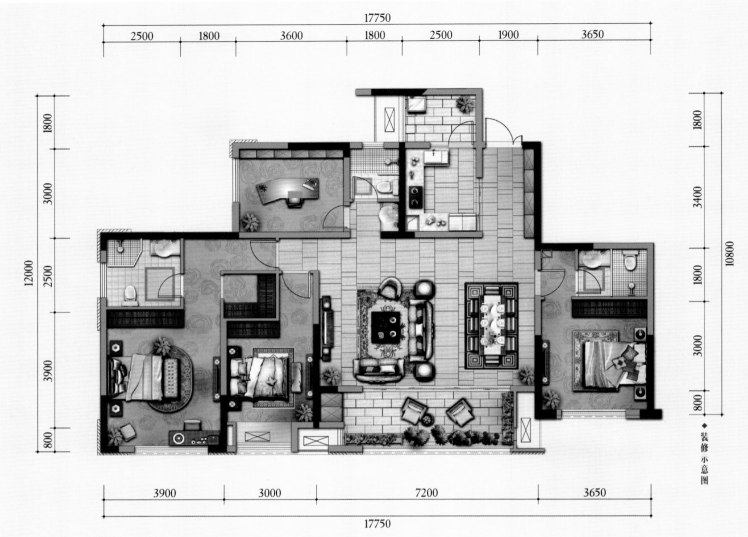

17750

| 2500 | 1800 | 3600 | 1800 | 2500 | 1900 | 3650 |

1800
3000
12000
2500
3900
800

1800
3400
10800
1800
3000
800

◆ 装修示意图

| 3900 | 3000 | 7200 | 3650 |

17750

现代极简

现代极简风格，

起源于现代派的极简主义，

它简约，

却恰到好处地表达充盈，

静默无声，

却蕴涵着无限的生命张力。

它从务实出发，

删繁就简，去伪存真，

以色彩的高度凝练、造型的极度简洁，

在满足功能需要的前提下，

将空间、人及物进行合理精致的组合，

用最洗练的笔触，

描绘出最丰富动人的空间效果。

诗一般的写意留白，

尽抒东方雅致意韵。

郑州美景·素心园

武汉旭辉·钰龙半岛

北京首创·天阅西山

简约之美 山顶别墅

郑州美景·素心园

开发商：新密市美景旅游房地产有限责任公司 ┃ 项目地址：河南郑州新密市尖山乡沙古滩

占地面积：187 202 平方米 ‖ 建筑面积：10 841.8 平方米 ┃ 容积率：0.24 ┃ 绿化率：40%

建筑设计：北京市建筑设计研究院有限公司 ┃ 景观设计：北京麦田国际景观规划设计事务所＋都蒙泰联合体

室内设计：北京集美组装饰工程有限公司梁建国工作室

主要材料：水泥瓦、青石砖、竹材、混凝土等

伏羲山，因"伏羲"而得名，是传说中人文始祖伏羲教民蚕丝、创画八卦的地方，这里拥有厚重的文化底蕴，人文气息历久弥新。郑州美景·素心园倚伏羲山而建，在自然条件优厚的环境中，将伏羲文化、自然环境与建筑设计完美融合，呈现了一个当代最具国际范的"陋室铭"，将天人合一的生态设计发挥得淋漓尽致，其东方极简设计理念展现了与众不同的视角。

该项目是中原首个山顶度假别墅区，由中国当代著名建筑大师梁建国老师一手规划。其运用当代国际设计语境，并最大程度地保留了山谷涧的原生态气息，使得每一处踩过的地方都有着独特的故事。温润宜人的现代东方设计，展现了独具匠心的贵气风雅，建构了一种简约而又极具诗意的生活品味。

美景集团 ┃ 高端系

项目背景

郑州缺山，对于一个缺山的城市，城市中的人是天然"亲山地"的，郑州需要一座山，作为庸常生活的出口，让孩子能够看到自然，让平原的居民能够暂时逃离都市，而伏羲山就是距离城市最近的山地资源。而在素心园之前，伏羲山只有农家小院，并没有能够满足真正的"山地度假"，也没有能够解读山地资源并进行山地生活服务的顶级酒店。美景素心园别墅度假酒店的出现，正好填补了郑州这一稀缺产品的空白。

设计理念

设计大师梁建国将素心园的设计理念总结为"中国魂、现代骨、自然衣"，期望借助现代手法和材料在这片充满上古传奇的伏羲山上重新定义中国传统山居"人入山中山似人"的要旨。因此，建筑与自然的高度协调，就成为设计的重中之重。

景观设计

项目景观设计将自然奥义、伏羲文化与现代建筑融为一体，从材料的选择到空间的整合，无不受基地条件的启发，用木、石、草等原生态材料，进行空间的营造。同时，设计师运用当代国际设计语境，创造世界品格的现代审美表达式，从环境到建筑以至室内，最大程度保留了山谷涧的原生态气息。盘旋而上的山路、石阶上与宅子内的木质地板，皆来自于伏羲山中，给人以回归自然的体验感受，达到"虽由人作，宛如天开"的意境，形成看山、用山、感受山的景象。地界里的百年古杏，倚着崖边生长，孤傲坚毅而又不失婉约，设计师为保留住它的美丽，围着它造起了无边泳池，最大限度地利用山和景，使孤立的视角与景观彼此渗透，让建筑和人共融。

值得一提的是，项目耗巨资为每一位业主都打造了私人的水景，每一栋别墅都配有温泉泡池，使得业主不出家门也可以享受到千米之下的深泉水浴。

建筑设计

项目建筑设计处处可窥见设计师"本山取土、就地取材、因材致用"的用心：在红崭岩上用炸药定向爆破，挖掘六七米深的地基，让屋子牢固紧密地楔入山体，成为山的一部分，挖地基所获得的石材则做成挡土墙。挡土墙和筑坯墙一起的设计灵感来自中国画的山

水写意，纯手工打造赋予其独一无二的纹理构造，一层层肌理犹如山脉连绵不绝。

在建筑外立面的选材上，考虑到契合建筑与山景的关系，设计师决定取材于当地山体（嵩山山脉），结合中式传统用材青砖的颜色，采用现代的工艺手法重新设计排版，再打磨、切割，力求达到青砖效果。此外，设计师将混凝土以各种比例混合不同矿物和秸秆等当地植物，分层浇铸做成外墙，形成了不同的颜色和质感交织的韵律，整体灰冷的色调更贴近原住民生活的初始风貌。

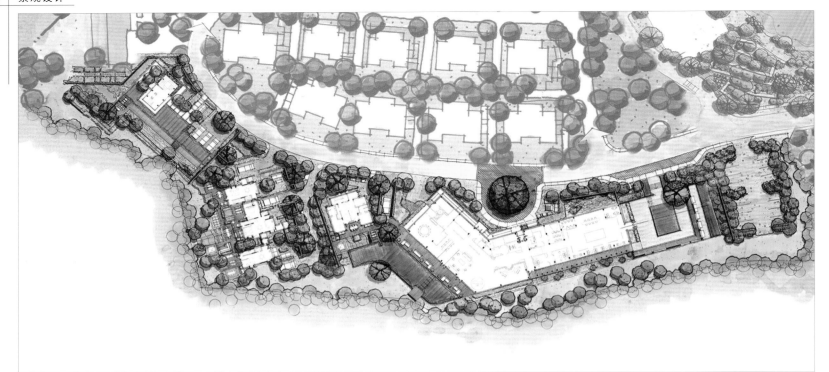

 ① 混凝土墙

 ② 水泥瓦

 ③ 青石砖文化石

 ④ 竹地板

材料应用说明 青色的外立面、质朴的筑坯墙、简洁的竹地板……素心园的每一处都散逸着淡淡的东方禅意。水泥瓦做的屋顶，让素心园的整体多了些许素雅。

现代东方　品质湖居

武汉旭辉·钰龙半岛

开发商：旭辉地产集团 ┃ 项目地址：武汉市汉阳区墨水湖北路与汉桥路交汇处
占地面积：129 941 平方米 ┃ 建筑面积：382 258 平方米 ┃ 容积率：1.8 ┃ 绿化率：35 %
建筑设计：笛东规划设计（北京）股份有限公司
主要材料：钢材、超白玻璃、大理石、金属、水晶等

　　陶渊明妙笔生花，为世人描绘了一个安宁和乐的桃花源，却如同镜花水月般，虚无缥缈。然而，旭辉别具匠心地打造了一座现实中的桃花岛——旭辉钰龙半岛。在这里，居于繁华城市的喧嚣将被湖水的温柔抚平。

　　项目地处汉阳桃花岛区域，坐落于武汉西二环城心内，毗邻墨水湖，进可繁华，退可宁静，将打造成涵盖别墅、高层住宅以及商业街区的高端滨湖住区。其示范区借景墨水湖，在建筑和景观的营造上延续新亚洲设计理念，构筑精品酒店式怡人环境，创造现代感的东方古典情境体验空间。建筑采用新亚洲建筑风格，强调与景观相融合，通过一系列不同的空间设计，营造步移景异的空间视觉享受。

CIFI GROUP 旭辉集团 ┃ 高端系

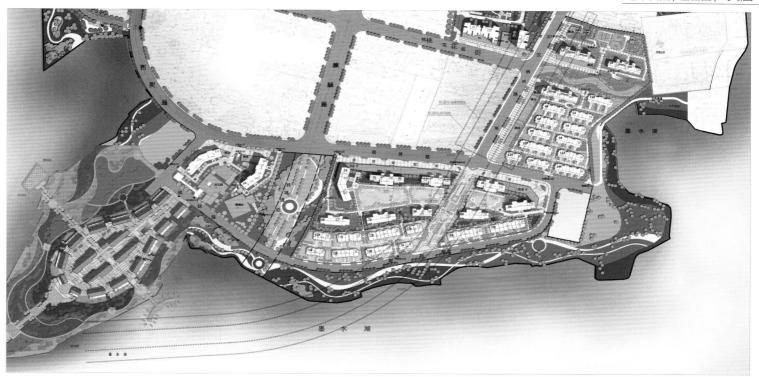

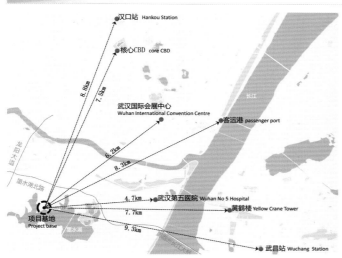

项目概况

武汉旭辉 · 钰龙半岛位于武汉市西二环城心内，墨水湖畔，领馆区旁，二环地铁双干线交汇、四大商圈聚集之处。该项目是中国房企 20 强之一的旭辉地产与武汉高端物业缔造者钰龙集团的首次合作，也是旭辉集团落子武汉的第二个项目，将打造成涵盖别墅、高层住宅以及商业街区的高端滨湖住区。项目南低北高，高层产品多用简约 Art Deco 风格，低密度产品则展现赖特式草原风格，均可欣赏墨山湖湖景资源，视野广阔。

建筑设计

项目采用新亚洲建筑风格，通过现代材料和和手法传承新亚洲建筑中的传统元素符号，以玻璃与竖向线条为主要构成方式，强调水平向挑檐与湖景的呼应，加上入口处建筑格栅元素与玻璃、水景的多层次组合，整体轻盈明快，线条简约但硬朗，再加上简单质朴的配色，彰显恢弘大气的特质。

示范区设计

示范区借景墨水湖，依据建筑风格布局，景观结构脉络延续新亚洲设计理念，创造现代感的东方古典情境体验空间。其景观设计由墨水湖"平塘古渡"文脉出发，利用场地特质将整个流线按照场地分成五个层次，并分别赋予五种不同的情境，同时结合抑景、框景、透景、漏景等设计手法穿插，营造各个情境空间，达到层层递进、环环相扣的效果。

项目还取意"古汉阳十景"，精心打造了 "水墨天光""星辉竹径""晴台夕照""香野落雁"等十重景，将古典与时尚交融，营造于都市中步移景异的游览体验。

入口与示范区主体由一条蜿蜒的竹林夹道连接，通向豁然开朗的墨水湖畔。墨水湖观景台前的无边界水池，兼具自然美和现代感。水池与湖水无缝相接，呈现水天一色的壮阔美感。

售楼处设计

售楼处设计以山水为主题，整个设计犹如一幅展开的山水画卷，用现代的设计手法诠释武汉独有的诗情画意、浓厚的文化底蕴。整个空间的设计不单单只注重现代设计的细节精美，更以其独特的方式展示了"动"与"静"、"声"与"色"、"形"与"意"，并融汇贯通与设计中。

售楼处 5.6 米的挑高共享区，主幅运用传统对称手法，两排气势磅礴的古铜屏风顶天立地，古铜屏风采用现代的材质展现古韵，并将武汉独有的墨水湖文化进行水纹演变，将其水文化运用在了传统的屏风花格之中。洽谈区布置遵循传统中式对坐手法，以深色木地板的衬托，配以色调典雅的米白色与湖水蓝的组合沙发、带有山水纹图案的抱枕。茶几上的假山摆件、松枝盆栽、山水纹的陶罐，更是从细节处透露出点点新中式神韵。进入沙盘区，可见一大片连绵起伏的山形状的水晶吊灯玄挂在上空，与远处波光粼粼的墨水湖构成一幅绝美的山水画。

空间布局上，通过"双动线"的引导，使展示区、洽谈区紧密联系在一起，通过用一些石材和木饰面的结合，以点线面的组合形式，使得整个空间的整体性增强，简洁、大方又不失韵味。

在材料选取上，售楼处以古铜金属和皮革面料做部分墙面饰面，搭配木质家具配合大理石材质、艺术品强调精致的细部，彰显极高的品质感，追求品质的同时，营造出生活的空间感。色彩上则以米白色为主色调，打造出沉稳内敛的主体效果，其中穿插了湖水蓝和中国红为点缀色。

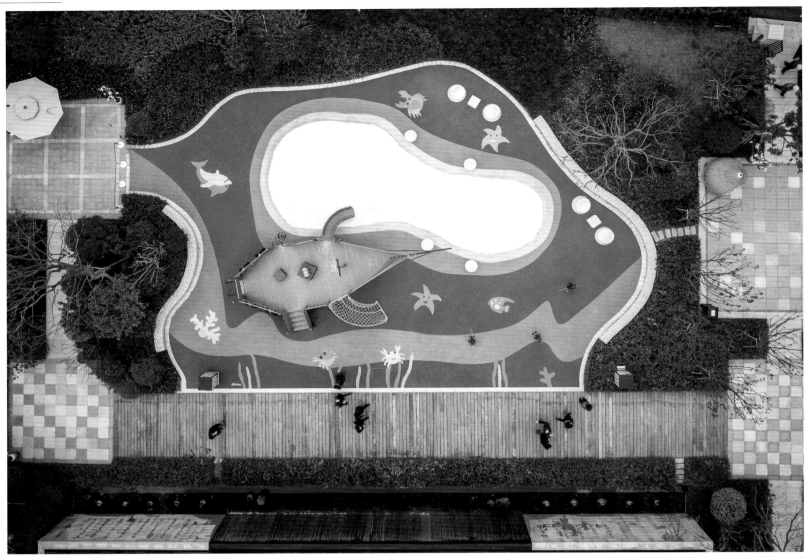

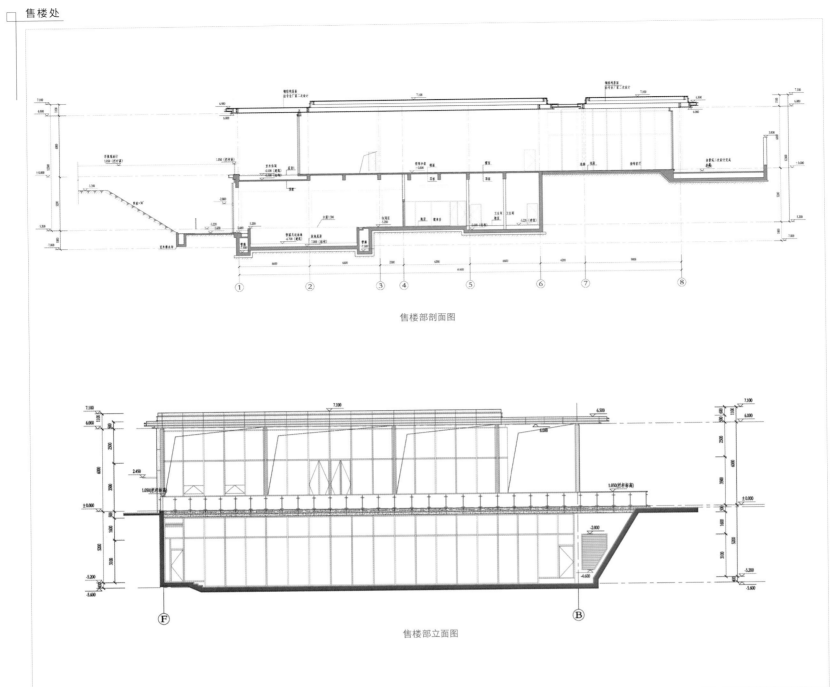

售楼部剖面图

售楼部立面图

材料应用说明 ‖ 项目以玻璃与竖向线条为主要构成方式，强调水平向挑檐与湖景的呼应，加上入口处建筑格栅元素与玻璃、水景的多层次组合，整体轻盈明快，线条简约但硬朗，再加上简单质朴的配色，彰显恢弘大气的特质。

① 仿铜色钢柱

② 钢结构屋面

③ 蒙古黑大理石

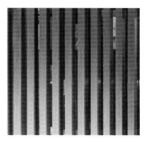

④ 亮铜色金属格栅

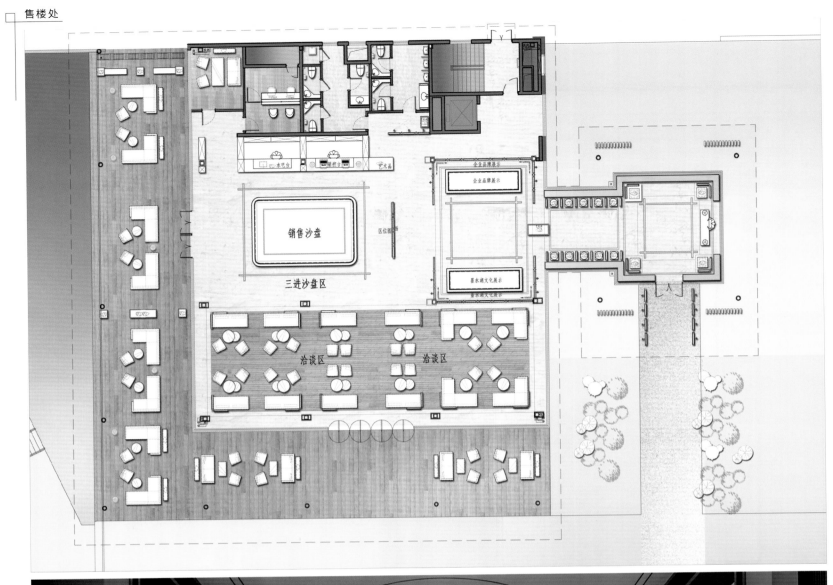

材料应用说明 古铜屏风采用现代的材质展现古韵，并将武汉独有的墨水湖文化进行水纹演变，将其水文化运用在了传统的屏风花格之中。

① 仿古铜金属屏风

② 古堡灰大理石

材料应用说明 地面采用古堡灰石材，古朴而典雅，与沙盘区上空现代感十足的水晶吊灯形成呼应，古与今、传统与时尚皆在一室呈现出来。

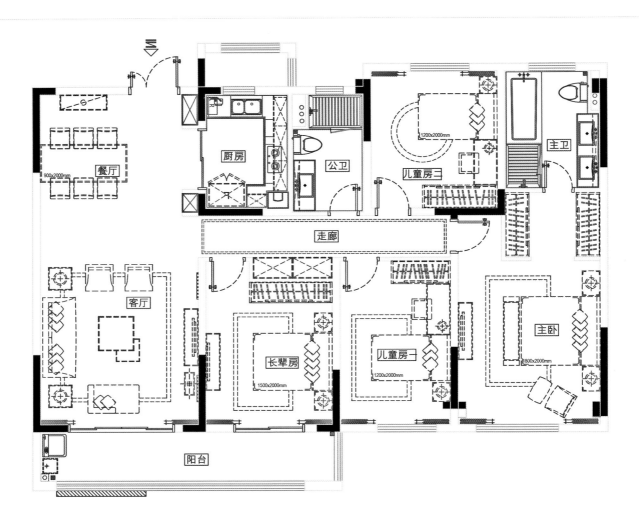

餐厅

900x2000mm

厨房

公卫

儿童房三

1200x2000mm

主卫

走廊

客厅

长辈房

儿童房一

主卧

1500x2000mm

1200x2000mm

1800x2000mm

阳台

顶跃二层平面图

优雅别致 东方时尚

北京首创·天阅西山

开发商：首创置业 ▎项目地址：北京市海淀区
用地面积：65 219 平方米 ▎建筑面积：208 702 平方米 ▎容积率：3.2 ▎绿化率：25%
建筑设计：水石国际 ▎景观设计：深圳奥雅设计股份有限公司
主要材料：砂岩、超白玻璃、3D 打印成品等

　　北京首创·天阅西山位于拥有百年历史的海淀区，紧邻中国新硅谷核心地带，是该区域三年来唯一一块住宅用地，加上毗邻故宫北院，居于三山五园环抱之中，周围名企聚集，名校环绕，丰厚的区域资源衍生出浑然天成的人文底蕴。它以珍贵土语者的身份，采众家之长，扬西山之风采，深度演绎中国高端居住礼仪，呈献西山新豪宅典范。

　　北京首创·天阅西山是为适应中关村科技新贵圈层客户需要而打造的高端住宅社区，其设计采用现代典雅的建筑风格，充分利用西山景观，总体布局高效宜居，户型设计温馨人性，打造出建筑美学与生活品质完美结合的作品。项目还在产品中融入了科技住宅理念，打造高端科技豪宅，创造和引导超前的生活方式和理念。

首创置业 BEIJING CAPITAL LAND ｜ 天阅系

区位分析

　　北京首创·天阅西山位于北京市海淀区五环和六环之间，属于中关村发展区核心地带。基地可以远望西山，南侧中关村壹号配套已初步成形，前期城市设计带来 900 米长景观轴线；东侧、西侧和北侧三面城市公园环绕，景观资源优势明显。

规划布局

　　项目地块用地方整，中央有 70 米宽绿带，规划中采用最大化楼间距的方式，打造中央大花园，提升景观视野和居住体验。中央绿带西侧布置商品房和公寓；东侧布置自住房、办公、商业等；绿带上设置会所和幼儿园，便于东西两侧共同使用。项目总体还采用安全有效的人车分流方式，营造充分的社区归属感。

建筑设计

　　项目住宅采用典雅现代的建筑风格，外形简洁纯粹，形体比例协调，通过大面积的开窗，打造极致通透的视野。建筑墙身全部采用干挂石材，采用源自埃及的大理石极品——西奈珍珠石，凸显高贵沉稳。公寓南侧和东西两侧采用全玻璃幕墙设计，通过开启扇内凹的方式，形成"框景"的观景效果。办公楼主体采用幕墙设计，通过形体的分隔，优化建筑的比例关系，打造旋转上升的立面形象。

景观设计

　　入口：适宜的规制和工艺呈现出门庭入口的大气格调。两侧种植与门庭入口风格相辅相成，烘托现代而雅致、恢弘而安静的气度。

　　前场：以"树·石·水"为主题的院落，通过主题元素的禅意表达，色彩、质感和肌理的和谐搭配，诠释出西山的文化内涵。流水景墙分隔空间，以小尺度景观营造氛围，营造有组织的空间序列，展现"小中见大、曲径通幽"的中式意境。

　　后院：后场划分地上庭院和下沉庭院。下沉庭院根据色彩和形态巧妙搭配植物，疏密有致，营造出宁静美丽的生活意境。

售楼部设计

　　项目抽象提取西山文脉，运用摩登东方当代设计手法，将东方气韵植入售楼部的整体设计中。会所建筑以"技术＋艺术"作为设计概念的出发点，利用简单纯粹的玻璃盒子和典雅精致的石材构成建筑立面。玻璃盒子采用高透白玻和全玻璃肋结构，以通透极致的视觉效果打造出强烈的科技感。水纹砂岩的细腻纹理搭配悠远的屋顶挑檐，传达出舒缓的意境。

　　室内空间利用少到极致的线条，精炼到位地勾勒出时空变幻。纯白云体的设计元素是设计亮点，多以自由状态置于不同的空间中，自由而不散漫，恍如天上人间。天阅和玉京两个 VIP 空间，坐落于中轴线上，整体色彩浓重，广泛应用深咖与金色；龙纹和金属的沙发后封延续西山高贵的灵魂与中国正统文化内涵；长廊的灯则加入了金属铜网，往低处装置，并尽可能提升层高，让整个空间产生高敞的崇高感。

户型设计

　　地块内产品为大面积段的住宅产品和公寓产品，强调尊贵感，在功能上满足生活需要并且善用景观资源。住宅产品采用大面宽设计，室内空间方正通透。起居室、卧室皆采用落地玻璃门，充分享有西山景观。住宅采用"五重隔音系统"，打造更用心的科技大宅。公寓产品采用侧向宽厅设计，采用"全生命周期"设计理念，可以根据用户的不同需求，打造 1-4 房的室内空间格局。

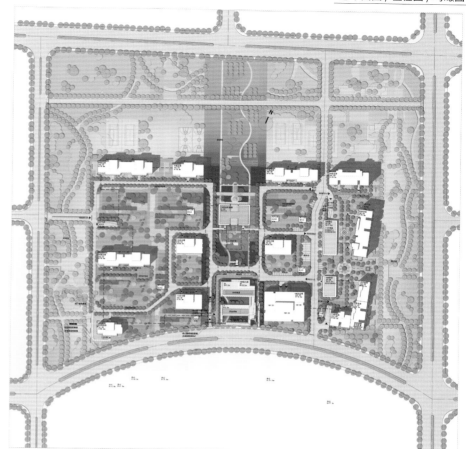

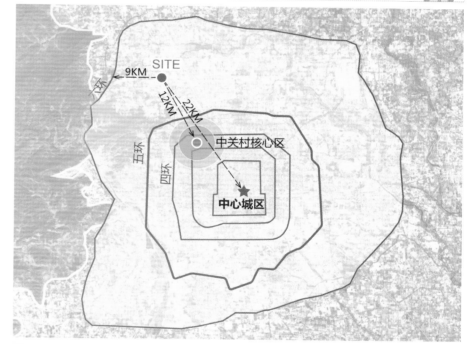

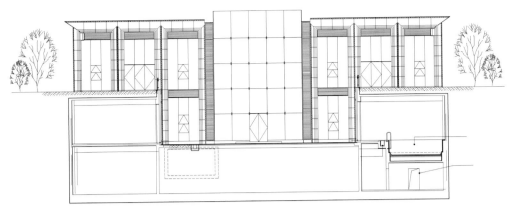

售楼处剖面图

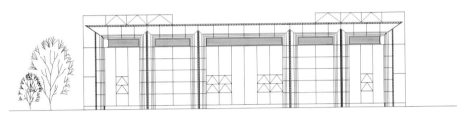

售楼处东、西立面图

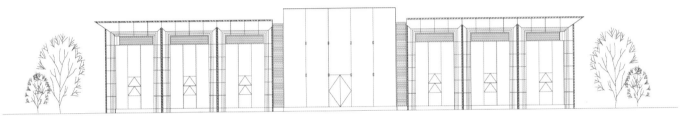

售楼处北立面图

材料应用 售楼处立面由简单纯粹的玻璃盒子和典雅精致的石材构成，玻璃盒子以通透极致的视觉效果打造出强烈
说明 的科技感；水纹砂岩的细腻纹理，传达出舒缓的意境；黄铜勾边石材丰富建筑细节，体现建筑的优雅感受。

❶ 黄锈石花岗岩

❷ 黄铜色石材

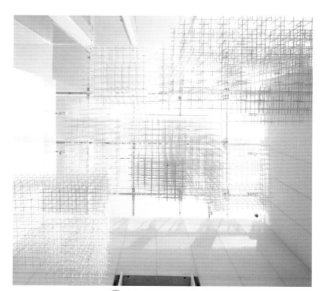

❸ 3D 打印艺术成品

材料应用 该 3D 打印艺术成品由现代十字拼接而成，占
说明 据整个天花，仿若漂浮的白云，梦幻而唯美。

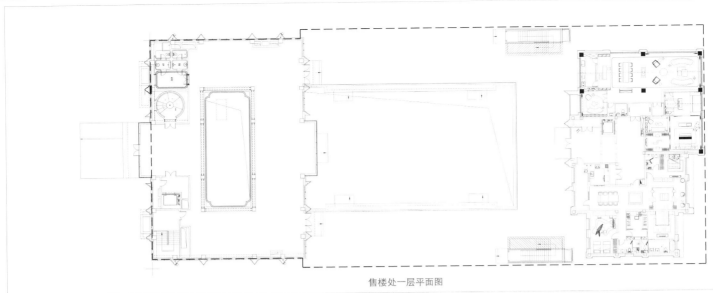

售楼处一层平面图

样板房平面图

新古典

新古典风格，

源于西方派艺术风格，

它有着天然的高贵基因，

用极其繁琐的装饰表达空间的奢华与优雅，

更能通过其多线条蜿蜒的设计路线，

为生活铺上优雅的"红毯"。

它以"形散神聚"为要领，

在注重装饰效果的同时，

用现代手法和材质还原古典气质，

将怀古的浪漫情怀与现代人对生活的需求相结合，

具备了古典与现代的双重效果。

它以其优雅、唯美的姿态，

平和而富有内涵的气韵，

让古典的美丽穿透岁月，

在我们的身边活色生香。

北京万科·翡翠长安

成都融创·观玺台

南京北辰旭辉·铂悦金陵

合肥旭辉·陶冲湖别院

杭州保利·融信大国璟

北京保利·首开天誉

璀璨植物水晶宫

北京万科·翡翠长安

开发商：北京万科、中国铁建 ‖ 项目地址：北京市门头沟区石龙北路

占地面积：65 820 平方米 ‖ 建筑面积：252 082 平方米 ‖ 容积率 3.5 ‖ 绿化率：30%

建筑设计：吉毕碧恩建筑设计咨询（北京）有限公司 ‖ 售楼处精装设计：香港无间建筑设计有限公司

样板间精装设计：广州市杜文彪装饰设计有限公司 ‖ 景观方案设计：普利斯设计咨询（上海）有限公司

主要材料：不锈钢、钢材、超白玻璃等

万科对人居理念始终坚持初心，浓厚的人文情怀在翡翠长安也不例外。翡翠长安凝聚了万科对人与自然关系的探索和思考，致力于为都市人提供一个"公园里的家"。

项目坐落于门头沟新城核心区域，尽享永定河水域的润泽和西京山体森林绿肺的滋养。得益于得天独厚的自然环境，项目展示区提出"将植物的生命期带进建筑空间"的理念，"玻璃植物温室"的设计概念因此而生。

项目售楼处前身是一个住宅小区的底商，设计师将原本 50% 的混凝土屋面换成玻璃天窗，并精心搭配绿植，将一个毫无特色的混凝土盒子改造为晶莹绽放的水晶宫。景观的设计与建筑空间相得益彰，分为皇家森林、璀璨宫殿和秘境花园，打造了一个璀璨夺目又不失自然风情的"皇家水晶植物园"。

vanke万科 ‖ 翡翠系

项目概况

翡翠长安是万科与中铁在北京西长安街上联手打造的高端生活住区，循迹翡翠系最为经典的新古典外立面，带来文艺复兴时期的艺术与人文情怀；凝聚万科30年精工建筑优势，全面引入万科三好社区、定制家装美好家、V—LINK社区，以及万科无限系户型，打造可以生长的房子，陪伴全家庭生命周期。

翡翠长安落址北京西长安新城，属于政府斥资2200亿打造的WSD核心位置，临一线长安街，阜石路、莲石路、西五环、S1号线（规划中）等快速联通项目至石景山、万柳、中关村、金融街等各大核心商圈，同时享受京西山体绿肺及永定河水域涵养的绿色生态环境，43个公园环绕，自然环境优越。

设计理念

翡翠长安展示区提出"将植物的生命气息带进建筑空间"的理念，以"一个咖啡馆，一个植物园"为设计主题，通过天然与人工环境相融合的理念来表达万科对于未来绿色生活的追求。整体设计中，如何使建筑空间成为适合植物生长的环境成为设计的主要命题。

建筑设计

销售中心的建筑以"玻璃植物温室"作为设计灵感，利用拱形的通透玻璃天光打造出轻盈的水晶宫。玻璃拱顶区域区分出不同尺度的结构性空间，扩展了展示中心的多重空间体验。此外，曲面拱顶保证更多的阳光入射，满足室内植物存活条件，同时获得更高的室内覆盖空间，成功使建筑空间转为"适合植物生长的环境"。

景观设计

整个示范区定位为"皇家水晶植物园"，共由三部分组成：皇家森林、璀璨宫殿及秘境花园。设计师通过对光影、植物的变换运用，将艺术与生活融合、现代与经典碰撞，打造出一个璀璨夺目又不失自然风情的住宅示范区。

皇家森林：步道两侧配以大树，饰以花卉。植物配置以整齐的白蜡树阵为主，配以层次分明的灌木，通过自然群落组成乔木、灌木密集型栽植的围合，形成浓郁的绿化空间，吸引着人们向"森林"深处迈进。

璀璨宫殿：合理运用玻璃与拱门型金属材料，配以植物、水晶桥、水中雕塑、LED灯、镜面水池，营造出一种光彩夺目的景观氛围，带给人们一场视觉上的盛宴。

秘境花园：通过花园式栽植给人们不同季节的景观体验。整片花园以"百草丰茂"和"繁花似锦"为主调，设计师将乔木、花灌木、草坪有机结合，展现植物的群体美，再配以灵动的水景，营造出韵律美与动感美。

室内设计

销售中心：以展现大自然之美的植物园为设计概念，用230平方米的绿墙，近300余种、13000多棵植物，贯穿整个空间，分别构思了垂直花园、东方花园、缤纷花园和奇趣花园四个不同主题花园空间，响应"植物园"的设计理念。植物的设计与室内"时尚东方"的气质相得益彰，最终呈现浑然一体的视觉效果。

样板房：以波士顿的地标"翡翠项链"为线索，承载对东方文化的热爱和对西方的好奇。客厅设计以翡翠绿为中心，采用禅意飘窗，搭配金灿灿的挂饰和具有山水意境的装饰画，再以西方艺术人头雕塑为点缀。餐厅则选用绿纹大理石餐桌、金属竹节餐椅和西式吧台，搭配翠绿而精致的餐具及玉石餐巾扣，时尚跟传统的激情碰撞，东方与西方的巧妙结合。主卧采用翡翠绿和啡色调，搭配镜面挂饰、花瓣装饰画、山水意境装饰画、玉石摆件和玉石檀香，使整个空间浪漫而不失高雅。

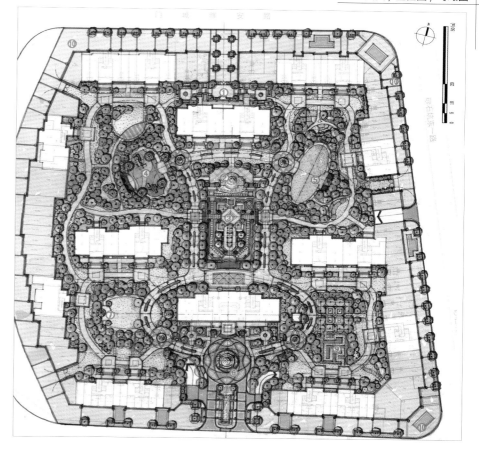

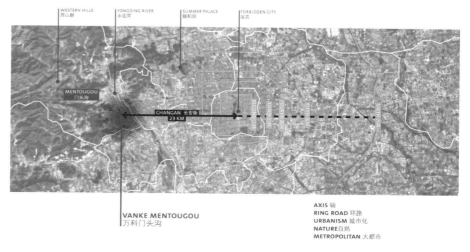

BEIJING／MENTOUGOU DISTRICT
北京／门头沟区

WESTERN HILLS 西山群　YONGDING RIVER 永定河　SUMMER PALACE 颐和园　FORBIDDEN CITY 故宫

MENTOUGOU 门头沟

CHANGAN 长安街 23 KM

VANKE MENTOUGOU 万科门头沟

AXIS 轴
RING ROAD 环路
URBANISM 城市化
NATURE 自然
METROPOLITAN 大都市

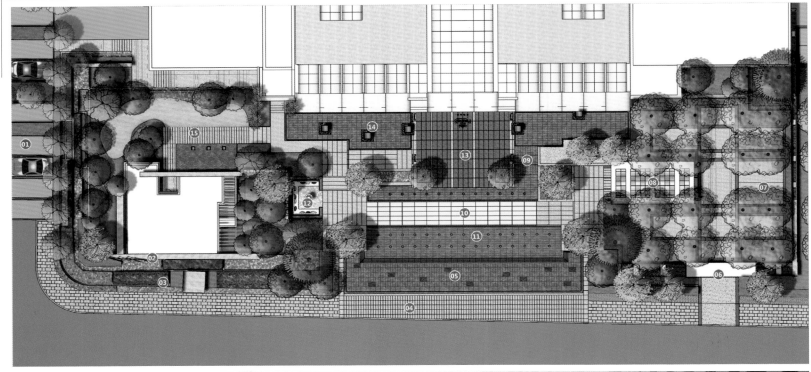

材料应用说明 特色廊架采用镜面不锈钢作为主体材料，在光的照耀下，植物的光影反射到廊架之上，营造出"水晶植物园"的剔透、光泽感。

① 镜面不锈钢

② 灰色铝合金

③ 高透玻璃

④ 钢结构造型

材料应用说明 售楼中心合理运用玻璃与拱门型金属材料，配以植物、LED 灯、镜面水池等，营造出一种光彩夺目的景观氛围，带给人们一场视觉上的饕餮盛宴。

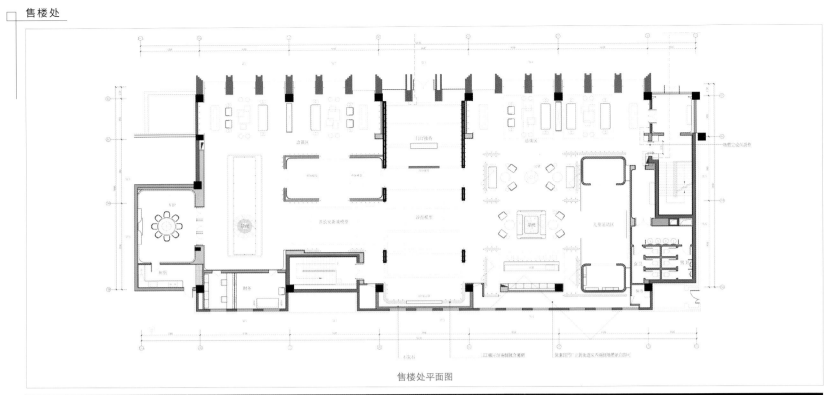

售楼处平面图

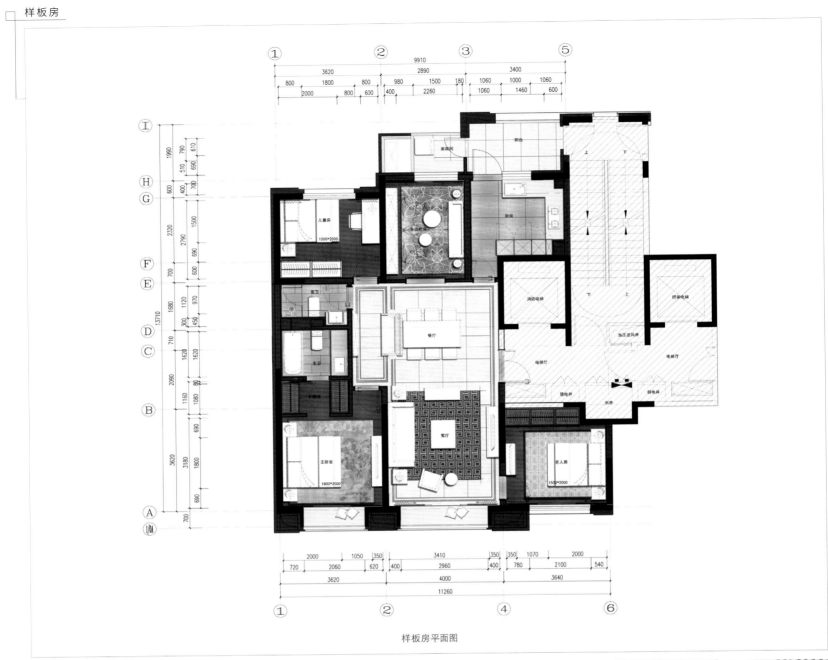

样板房平面图

融合古典与现代的城市美学

成都融创·观玺台

开发商：成都融创泽辉房地产开发有限公司 ┃ 项目地址：成都市青羊区

占地面积：37 756.61 平方米 ┃ 建筑面积：216 618.35 平方米 ┃ 容积率：4 ┃ 绿化率：30%

建筑设计：上海大椽建筑设计事务所、上海恒宇华洲建筑景观设计有限公司、浙江华洲国际设计有限公司成都分公司

景观设计：重庆玮图景观设计有限公司

主要材料：深咖色铝板、玻璃、紫点金麻石材、金属、皮质等

　　成都融创·观玺台是融创集团布局成都城西的首个高端项目，秉持融创精工体系，开启城西高端住宅全新时代。项目建筑采用纽约大都会风格，强调优雅比例，刻画精致细节，构建尊贵典雅的空间，为成都树立新古典主义建筑的崇高标杆。其景观为了达到与建筑的完美结合，采用了新古典主义风格，讲究中轴对称，步移景异，同时充分考虑到业主的参与性。

　　成都融创·观玺台让法式园林漂洋过海来到成都，移植了原味的浪漫情愫，也立足于城西这片土地，演绎出璀璨的法式优雅美学与深厚的中国人居哲学，这无疑是一座将建筑美学与生活品质完美结合的中心价值之城。

项目背景

　　成都融创 · 观玺台由融创集团亲自操刀开发设计，从选地、规划设计、景观、硬件配置等方面，完全按融创高端生活方式的标准来执行。项目位于成都市青羊区，拥有主流地段的顶级商业配套和双公园的生态资源，东侧为政府规划的教育用地及市政绿地，南侧紧邻商业配套青羊万达，西侧为台地叠景公园，北侧是另一个住宅项目，通过市政河渠分隔，市政河渠后期由政府统一打造。

建筑设计

　　观玺台的建筑采用美式大都会的外立面风格，吸取了纽约中央公园西 15 号作品中的精髓，强调优雅比例，刻画精致细节，设计学院派的建筑立面节奏，力图最大程度地复原纽约中央公园西 15 号的尊贵感，体现出上流阶层的典雅高贵，同时为成都树立新古典主义建筑的崇高标杆。

景观设计

　　外围：项目处于城市绿轴景观带的中心，东侧是政府规划的市政绿地，西侧是约 78 亩市政公园，由政府统一规划设计，左边这块以自然生态为主题，营造一种茶余饭后的闲暇时光。另外一块以运动为主题，包括综合运动场、球场、儿童游乐区等等。

　　中庭：整个中庭采用新古典主义风格，讲究中轴对称，移步异景。内部是围合式双中庭布局，用于打造不同特色的景观空间，分为北中庭和南中庭。北中庭主要以温馨、浪漫、甜美、艺术为主题，分别设计了舍农索、美泉和吉维尼三个主题花园，以精致的草坪拉开序幕，搭配美好的下午茶时光，充满艺术感的儿童游乐天地。南中庭以尊贵、奢华、精致、文艺为主题，分别设计波波里、罗斯、杜乐丽、利奥等四个主题花园，以独立私密的林下花园，搭配带书吧的廊下会客厅，同时巧妙地设计部份外摆区域，为白领圈层提供轻奢游憩的交流平台，以及给老人带来专属的慢生活体验。

示范区设计

建筑设计

　　售楼部的建筑通过黄金分割的古典比例法则，控制外轮廓及关键点，让建筑形体挺拔俊秀，更富美感。不同颜色的材质及形制，结合干挂石材和玻璃，形成强烈的虚实对比，让古典主义建筑手法与现代工艺及材料碰撞与融合，赋予项目独特的魅力。

景观设计

　　示范区不仅注重建筑形态创造，同时充分考虑了景观的创造。方正的对景墙，以工整的几何形雕刻作为底纹，结合浅色的优质石材，简洁而不失雅致。中心庭院以深色的圆形静水台为中心，与对景墙相对，极简的设计别有一番禅意。轴线水景区直通向售楼部，水中设计独立的花池，精心搭配不同植物，水中与池畔的灯光交相辉映，营造出自然灵动的环境。

户型设计

　　为了保障居住的舒适度，样板房采用大面宽、短进深的设计理念，保证房屋的日照及通风。同时，户型设计从人体工学的角度考虑，充分考虑到了业主入住以后室内的交通动线、后期装修布局及家具摆放，例如，卧室设计严格按照床及衣柜的比例来设计，还余留了一定的空间，而横厅户型的客厅进深可达 3.8 米。此外，户型注重动静分离，居寝分离，满足明厨明卫，且每户均设有阳台空间。

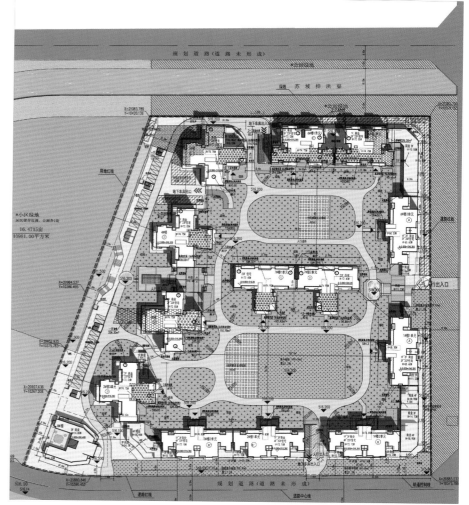

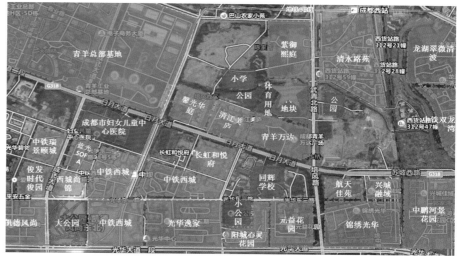

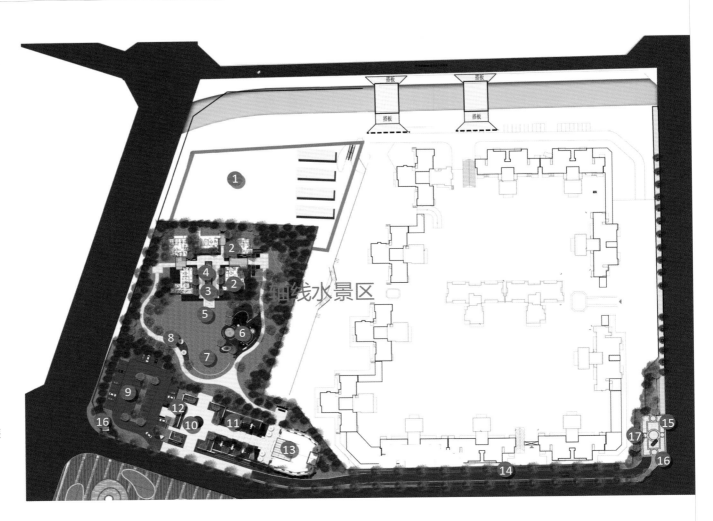

1 临时员工宿舍
2 样板房
3 样板庭院
4 特色水景
5 阳光草坪
6 儿童活动场
7 庆典草坪
8 休闲木平台
9 停车场
10 中心庭院
11 轴线水景区
12 对景墙
13 售楼部
14 引入段
15 入口特色铺装
16 精神堡垒
17 LOGO墙

售楼处立面图

① 深咖色铝板

② 玻璃幕墙

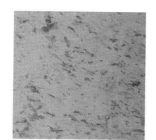

③ 紫点金麻石材

材料应用说明 ‖ 石材与玻璃的融合，完成了一场古典与现代的对话，而恰到好处的融合，能够使得建筑兼具现代都会气息和工业风建筑气息。

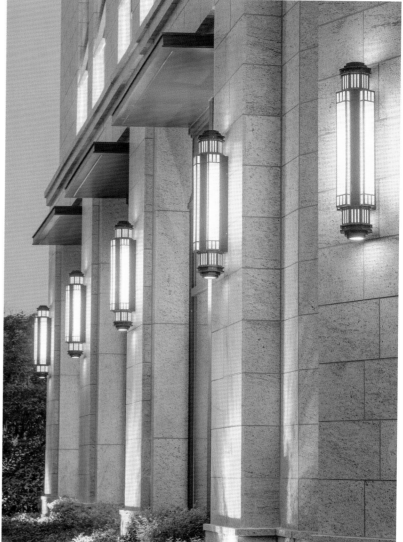

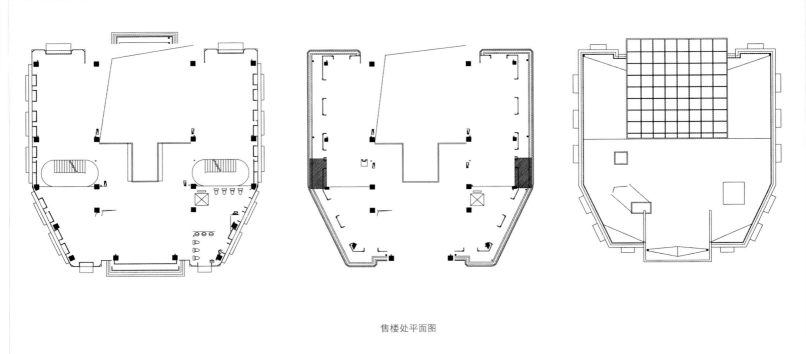

售楼处平面图

材料应用说明 洽谈区以米色系材料为主，营造了一个清新舒适的会客空间，辅以墙面金属线条以及天花金属吊灯，既扎人眼球，又为整个空间增加了一丝华贵的气质。

① 金属

③ 闪电米黄大理石

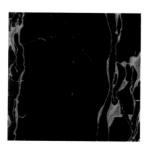

③ 黑金花大理石

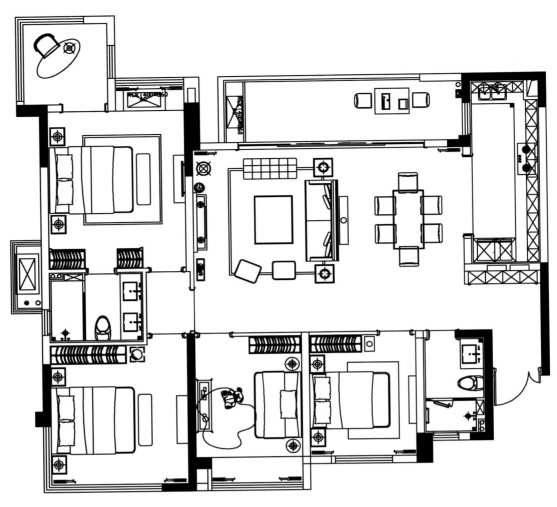

高层平面图

德系品质 精工豪宅

◇ 南京北辰旭辉·铂悦金陵

开发商：旭辉地产 ▏ 项目地址：南京河西中部片区

占地面积：70 733.9 平方米 ▏ 建筑面积：25 265.88 平方米 ▏ 容积率：2.8

建筑设计：上海柏涛建筑设计咨询有限公司 ▏ 景观设计：柏景园林景观设计公司

室内设计：广州韦格斯杨设计有限公司

主要材料：超白玻璃、砂岩、米黄色石材、地面砖、直纹白玉大理石、木饰面等

　　"铂悦系"是旭辉 16 年的集大成之作，也是目前国内最接近世界高端住宅水准的产品。南京北辰旭辉·铂悦金陵承袭铂悦系的"高贵血统"，主打德系品质、精工理念，打造国际化、纽约化的现代高冷豪宅。

　　项目地处汇聚南京顶级城市资源的河西 CBD 中部，建筑以现代化风格为主题，在材质和基本设计上使用极其简洁的建筑语言，干净、整洁、又不失奢华，与河西的繁华相得益彰。其示范区采用南京市场罕见的"经典博物馆"的设计风格，彰显铂悦系的高端审美。在景观设计上，示范区承袭"原著法式"，萃取凡尔赛宫造园精粹，营造出气势磅礴的园林景观。

CIFI GROUP 旭辉集团 ▏ 铂悦系

区位分析

项目位于河西 CBD 中心，扼守河西中部的黄金地段，附近汇聚了河西万达广场、河西金鹰天地（建设中）和江东路 5 号地块三大商业体，以及保利大剧院、绿博园等国际级资源配套。项目位置属于万达商圈的延伸，距离河西万达广场步行约 10 分钟，距 2 号线集庆门大街站约 5 分钟。

建筑设计

项目通过一个简明的结构来创造出整体大气的社区形象和空间，在地块中心营造出一个大尺度核心空间，通过建筑和环境的对称布局营造出从入口到中心环境的轴线景观序列。各住宅建筑围绕这一核心空间，形成一系列具有围合感的半开放院落，使每栋楼都能够有良好的景观环境视野。同时，项目采用小高层与高层搭配形成南低北高的建筑布局形式，不仅暗藏坐北朝南的居住风水之道，还充分提升了所有住宅南向的采光条件，以保证低区都有充足的通风采光。

在立面设计上，整体形式追求干净利落，局部极力刻画。摆脱繁重的传统建筑打造方式，对古典主义进行提炼与简化，以满足现代高端人士审美标准。同时，采用几何对称构图，层次鲜明，精雕细琢，营造出气势恢宏的外立面形态符号。玻璃幕墙与石材相结合，体量感强，形体简单，配合灯光效果，有极强的视觉冲击力和鲜明的标志性。

景观设计

项目致敬经典美学，承袭"原著法式"，萃取凡尔赛宫造园精髓，采用中轴对称式的规划形态，两侧列阵大花钵，彰显法式仪仗。大型中央景观带贯穿整个园林骨架，并通过低于地面的简洁草坪，以条形水景，营造出安静舒适的庭院空间。适当的雕塑点缀，既能够突出布局的几何性，又可以产生丰富的节奏感，从而营造出多变的景观效果。

于居住者而言，最美不过归家的园林路，为此，项目特打造全林下人行道，匹配以多层次绿植，夏日树荫浓浓，秋日暖阳斑驳，变幻四时意境，漫步园中，感受应季而生的景观体验。

此外，项目以居住者的感官享受为准则，突破市场上大多数的住宅园林多为 5 层景观围合打造的常规，造出更为丰富的景观境界，以 5 层 + 高密度大绿植铺排远超同类豪宅的造园标准，汇聚 10-12 米连续天际线。

售楼处设计

售楼处采用经典优雅的博物馆风格。独特玻璃幕墙与拱券结合的外立面，彰显现代与古典的完美融合，点缀大量小型喷泉，营造出浮于水面之上的建筑美感，现代优雅。

主入口采用酒店大堂设计，内部主打米黄色系，并大量运用石材，呈现出一个明亮而尊贵的空间。负一层为私属会所，将配备恒温泳池、健身场馆、棋牌室、阅读区等人性化、专属化服务，满足业主的运动、休闲需求。此外，负一层还设计连通下沉式庭院，形成 5.4 米高差的整面跌水景观，气场强大。

室内设计

项目室内设计采用港式轻奢的设计风格，以匹配河西区域的高端风格。为了提供最舒适的生活体验，项目从安防系统、全方位收纳系统、厨房设备系统、卫浴系统、精细化设计系统、智能屋系统、健康 & 舒适 & 环保系统这 7 大系统，进行精装细节的打磨和提升，还运用唯宝、博世、汉斯格雅等十大德系品牌，一脉德系精工搭配铂悦品质，完美演绎"源于生活，高于生活"的产品理念。

材料应用说明 外立面采用玻璃幕墙与石材相结合的设计，形体简单，却体量感十足，再加以灯光效果，有极强的视觉冲击力和鲜明的标志性。

① 黄锈石

② 紫点金麻 - 花岗岩

③ 葡萄牙米黄大理石

④ 金晶 - 超白玻璃

材料应用说明 展示中心内部主打米黄色系，大量运用石材，呈现一个明亮而尊贵的空间。

❶ 木质栅格

❷ 白玉兰米黄石材

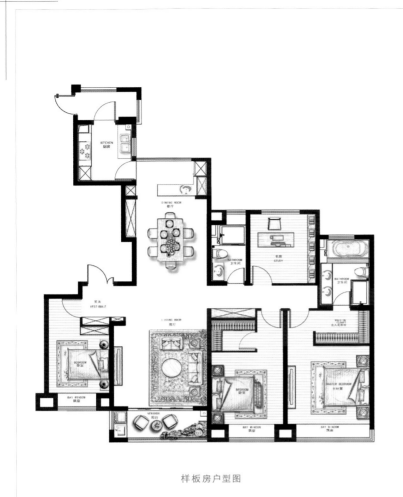

样板房户型图

① 仿石材涂料

② 西班牙米黄大理石

③ 直纹白玉大理石

④ 木饰面

材料应用说明 ║ 样板房墙地面选用名贵石材、木材，彰显项目"德系精工"品质，配合淡雅的色调，为客户呈现一个高贵典雅的居住空间。

大宅格调 高端湖居

合肥旭辉·陶冲湖别院

开发商：合肥嘉汇置业有限公司 ┃ 项目地址：安徽省合肥市新站陶冲湖公园板块

占地面积：151 780.72 平方米 ┃ 建筑面积：366 834.01 平方米 ┃ 容积率 2.5 ┃ 绿化率：40%

主要材料：红砖、青瓦、黄色石材、米白色石材、木饰面、瓷砖等

　　合肥旭辉·陶冲湖别院位于国家级开发区新站区核心陶冲湖畔，享有稀缺的湖景资源以及完善的城市资源配套，是旭辉集团和绿地集团联袂打造的 TOP 级湖居产品。该项目依傍陶冲湖，聚焦于居住者所需生活功能的本真，打造湖滨别墅、褐石洋房及宽适高层三种业态，构筑城市生活美好家。项目以家庭空间的升级与优化，将户型的实用性与优雅舒适融合，以现代又不失典雅的精致住宅迭新城市生活品味。

　　景观设计上，项目以"贵族都铎园林"为设计主旨，以"源于古典而高于古典"的核心思想提升文化内涵，打造集萃东方园林之大美的中式院落，引领合肥高端品位生活。

CIFI GROUP
旭辉集团 ┃ 高端系

项目概况

项目基地位于合肥市新站陶冲湖公园板块，紧邻主干道淮海大道及新蚌埠路，交通便利，项目南侧为陶冲湖公园，环境资源优质，生活氛围好。

陶冲别院是旭辉在合肥的第四个项目，择址于新站区的中心地段——陶冲湖板块，打造旭辉集团"湖居"系TOP级产品。其设计充分考虑了规划结构、景观特点及建筑风格的个性塑造；居住模式与环境的可持续发展及用地开发、建设、建筑使用上的经济性也是重点考虑范畴；更加强调居住区布局的整体性及社区概念，以及邻里关系的建立。

建筑设计

建筑立面统一的竖向线条和色带的划分，有序的门窗排列，增强了小区的整体风格。建筑色彩主要以高雅、明快的颜色为基调，局部墙面的划分采用色差较小的调和色，底部材质颜色稍有变化，合理的细节处理营造出各空间相互承接融合。建筑顶部刻画简洁明快，令建筑物新颖别致，拥有简洁大气的美感。群体建筑物的颜色设计在城市大环境中更加突出和稳重。

建筑造型设计采用现代手法，但不失典雅的尺度比例关系，强调虚实对比，使整个住宅小区渗透出新颖、明快、生态的气息，并具有鲜明的个性。同时，项目还注入新古典和英伦建筑风格，精致打造细部元素，体现住区的尊贵感和文化典雅气息。

示范区设计

景观设计

示范区景观秉承大区"贵族都铎园林"的设计主旨，通过对传统里弄、庭院空间的反复研究提炼，结合建筑规划布局，以现代手法重新组织梳理空间，用四段式景观结构构筑起中式院落情怀，使空间形式体现出高贵典雅的深宅气质与内涵。

第一段：启湖居生活，于闹市中初展静逸

主入口采用中式景墙半围合的设计手法，增加林荫大树，细化了空间尺度，优化了涌泉间距及喷水高度等细部元素，塑造了极具静逸感和尊贵感的礼仪空间。

第二段：香樟树影，尊贵礼遇

礼仪大门至售楼处50余米长的道路，是一个缓和的景观过渡空间。沿路种植四季常绿的香樟树，遮荫蔽日，尺度怡人。种植点位的规整性，苗木形态的统一性，提升了项目尊贵的仪式感。

第三段：展山河长卷，抒书画意境

中式景观离不开"诗中有画，画中有诗"的意境美。售楼处平台的落水景墙，以石为底，以水为绘，创造了新的景观设计手法，呈现了传统水墨画不能达到的动态展示效果。

第四段：现尊贵大宅，品庄重大气

深宅大院，紫铜材质，精雕细琢的叶片全手工打制而成，尽显尊贵与品质。端庄、静逸是院落的主基调。潺潺的水声、细致的落水帘幕、两侧摇曳的竹影、定制的草坪灯，共同抒写了中式景观的庄重与大气。

样板房设计

95平方米户型样板房

95平方米户型样板房定位为现代简约艺术风格，独特造型的家具与黑、白、柠檬黄色彩对比相结合，突出空间的艺术气息之余，刚柔并济。独特而前卫的设计，融入一些现代时尚元素，极其大胆个性，却又十分随性自然，充分展示出主人对艺术的极度热爱以及对生活品味的个性追求与享受。

120平方米户型样板房

120平方米户型样板房为现代艺术风格，色彩瑰丽，品味高雅。家具的造型简洁有力，干净利落的线条融入精致的金属质感，通透的玻璃元素，搭配翡翠绿的闪耀光泽贯穿整个设计，在保持着艺术原有的精髓和现代环境的前提下，打造出时尚精致的都市艺术生活空间，体现整个空间的时尚奢华。

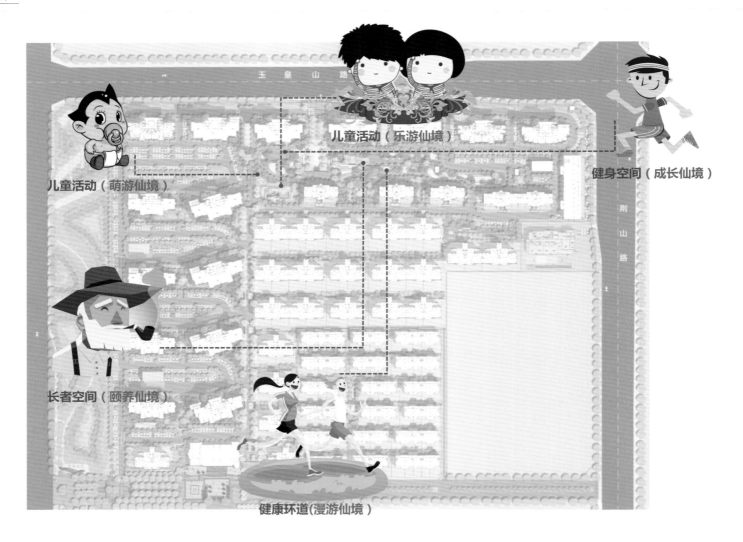

儿童活动（乐游仙境）

儿童活动（萌游仙境）

健身空间（成长仙境）

长者空间（颐养仙境）

健康环道(漫游仙境）

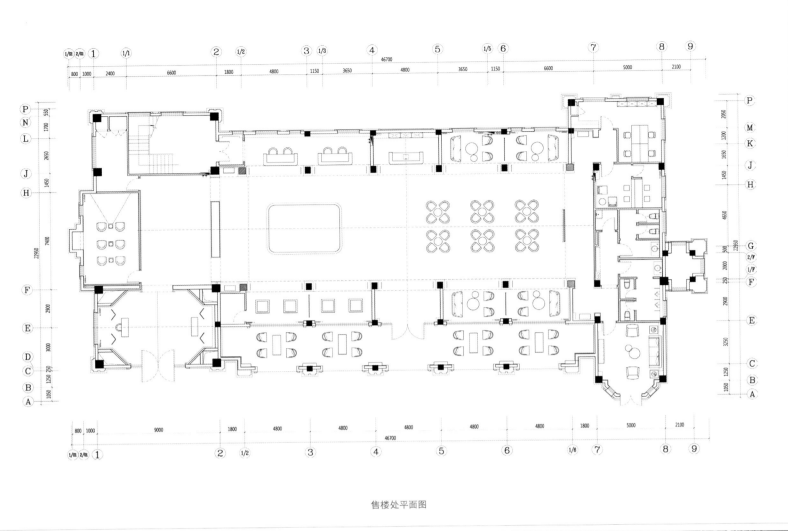

售楼处平面图

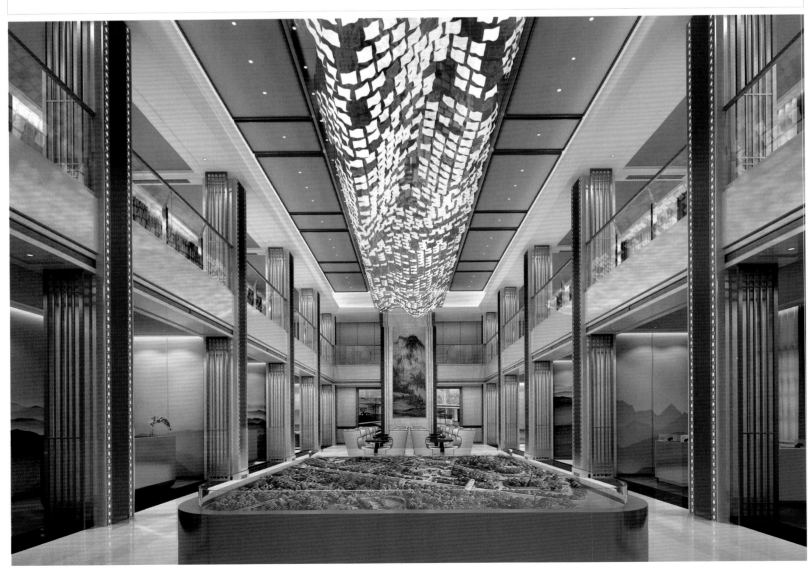

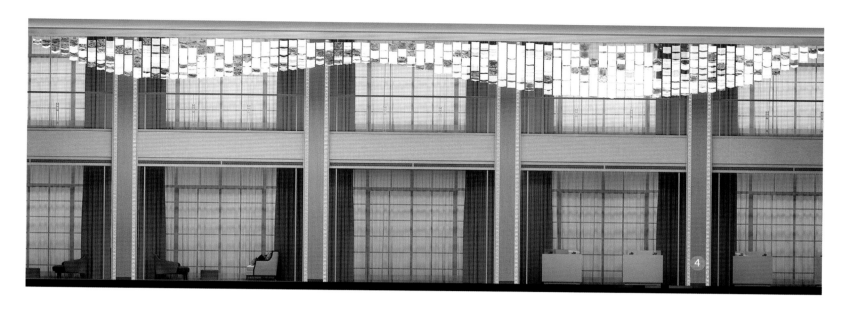

① 红砖

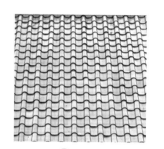
② 青瓦

③ 黄锈石花岗岩石材

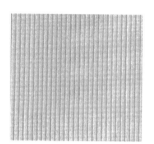
④ SPACE- 条纹壁纸

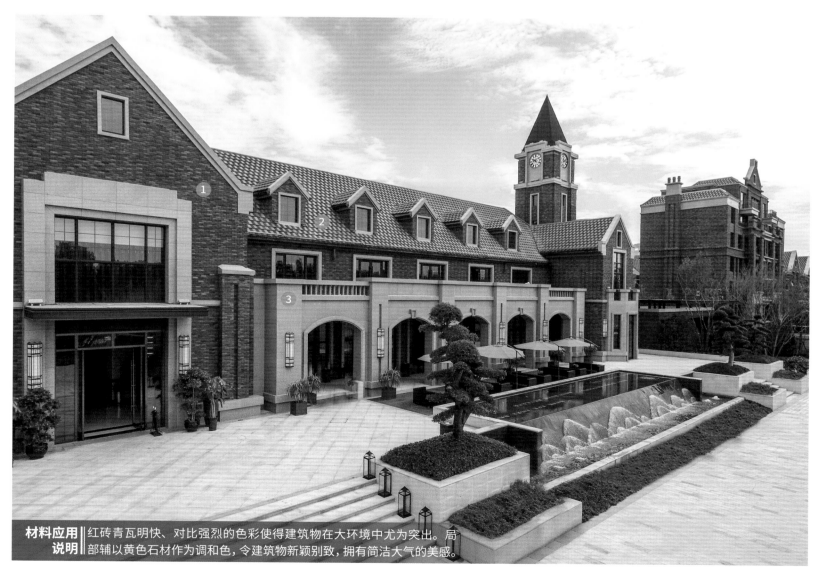

材料应用说明 ‖ 红砖青瓦明快、对比强烈的色彩使得建筑物在大环境中尤为突出。局部辅以黄色石材作为调和色，令建筑物新颖别致，拥有简洁大气的美感。

别院高层 A 户型平面图

水墨江南 当代人文雅居

杭州保利融信·大国璟

开发商：保利地产浙江公司 ｜ 项目地址：杭州市萧山区市心北路与建设一路交汇处

占地面积：42 709 平方米 ｜ 建筑面积：166 273 平方米

景观设计：GVL 怡境国际设计集团 ｜ 建筑设计：上海霍普建筑设计事务所股份有限公司

室内设计：紫香舸国际装饰顾问有限公司

主要材料：彩色玻璃、玫瑰金不锈钢、夹绢玻璃、深咖色铝板、花岗岩、木饰面、金属、大理石等

　　保利融信·大国璟位于杭州萧山，居于有"萧山延安路"之称的市心路，加之定位为高端住宅，可谓"城央正脉上的府院豪宅"。该项目利用现代的设计手法将自然山水之情及地域文脉融入场地园景之中，还将先进的居住理念融入中国传统居住智慧之中，创造出一种更加自然、舒适、理性、宜居的"府院"居住形态，重塑萧山豪宅观。

　　项目建筑汲取传统中国江南府院的美学特征及颐和园一脉相承的皇城风格，同时结合西方古典建筑的厚重与现代建筑的简洁时尚，造就了中式颐和风独特的时代气质，再搭配"悠然山、自在水、乐其中"的"萧然三式"景观设计理念，一幅"皇家规制、山水之境、怡然自得"的"居家"画卷缓缓铺陈开来……

布局规划

保利融信大国璟规划为 9 幢高层和 10 幢联排。高层住宅面积建筑面积约 100-165 平方米，排屋建筑面积约 159-200 平方米。项目以"三进堂六重院十六璟"，选配高层、排屋两种产品形态，围合层层递进的新中式府院建筑，以当代理念融入中国传统人居，打造江南岸标杆府院豪宅。

建筑设计

项目设计从中式建筑的檐、院、墙、窗、椽、门等元素中汲取灵感，整体建筑风格以北地皇城的威严结合江南府院的诗意，打造中式建筑颐和风。整体造型通过现代材料和手法糅合传统中式建筑的标志元素，并在此基础上进行必要的演化和抽象化，又以现代建筑的材料和建造工艺，吸收现代居住的理念，在简洁中彰显细节，营造了传统与现代的和谐统一。清晰的转角、精确的比例、高耸的屋顶、简洁的造型、强化的功能以及良好的施工品质，使建筑在风格上既保留了中式住宅的神韵与精髓，又给人以光洁而严谨的现代整体感。

在沿袭中国传统建筑精粹的同时，项目也注重对现代生活价值的精雕细刻，在设计中更多考虑私密性，增强采光通风。另外，在庭院、地下室的处理中，也吸纳了更多现代生活流线的创新之笔，如外庭院、下沉庭院，让中式建筑以一种更自然、更现代、更具生命力的品相出现。

示范区设计

示范区景观设计回应当地的历史和文化，围绕"萧然自式"的理念展开设计，并延展出"萧然三式"的概念，即"悠然山、自在水、乐其中"，分别对应"迎回廊、入水厅、乐谈间"三个区域的设计。

悠然山：进入示范区，散置的灰洞石与条石结合形成山的印象，在视线的尽头，logo 景墙给人以空间的礼仪感。回廊结合草坪空间，展示悠然自得的印象画境，素净的草坪、简约的树池，给人无限遐思。木质栅栏与玫瑰金不锈钢回廊形成对比碰撞，展现柔与刚的质感、虚与实的空间。屏风的立面通过夹绢玻璃的做法，抽象演化山形元素，雅致有韵律而富有文化感。

自在水：入口水厅开敞的入口界面，展现胸纳百川、自信大气的大国风范。彩色玻璃小品既是山的意境，亦是水的灵动，与景墙及屏风共同形成了入口的仪式感及尊贵性。

中央水厅，将天空与云的倒影收藏其中，与水雾结合，可谓"远岫与云容交接，遥天共水色交光"，与售楼部的建筑相得益彰，形成自然流畅、开阔疏朗的中心景观空间，向客户展现了一副大气唯美的山水画境，形成展示区的第一印象。

乐其中：在洽谈区的景观营造中，以休闲草坪及儿童活动空间为主，在设计中创造情感附加值，以生活化的场景、趣味小品营造舒适自然的景观空间。草坪空间大气开朗，休闲廊架与平台空间的相互结合，打造舒适关怀的景观空间，向客户展示未来生活场景的缩影；儿童活动空间，以圆为形，形成半坡之势，功能齐全，趣味无限，在展示序列的末端形成圆满收尾，寓意圆满的人生。

售楼处设计

售楼处堪称本项目中颐和风特色体现得最为浓墨重彩的一笔，它以太和殿为范本，分为屋顶、屋身、基座三部分。强调特点突出的横向大飘檐，主体立面上以中国山水画留白做法，简洁的立面上饰以中式元素点缀。北风南韵，追求江南粉墙黛瓦的中式意境。运用古典的立面构成原理，将建筑立面进行主次的划分，中间两层高起的部分占主要统治地位，两侧一层部分居于次要地位。

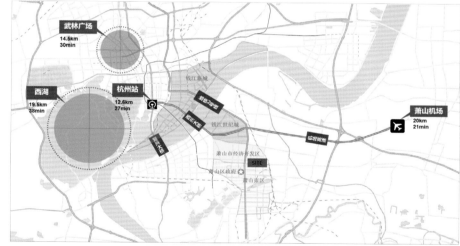

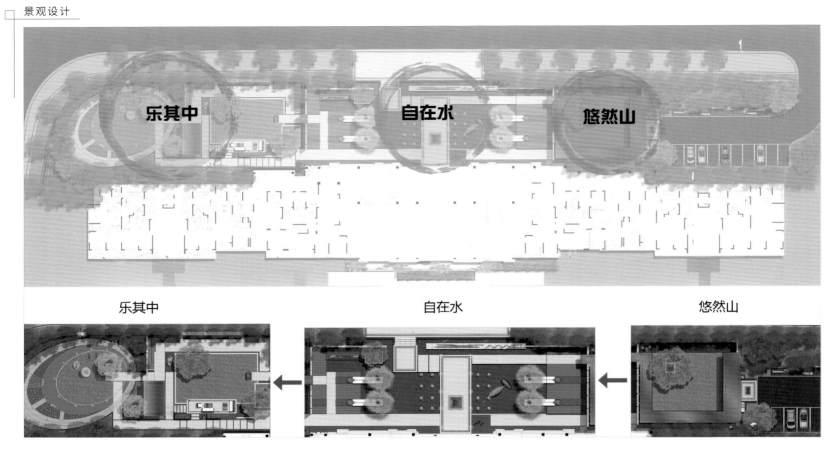

乐其中　　　　　　　　　自在水　　　　　　　　　悠然山

① 玫瑰金不锈钢镶边

② 夹绢玻璃

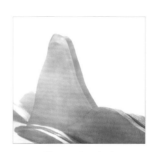
③ 彩色玻璃

④ 青石板岩

材料应用说明 屏风的立面通过夹绢玻璃的做法，抽象演化山形元素，雅致有韵律而富有文化感。

材料应用说明 | 入口的彩色玻璃小品既是山的意境，亦是水的灵动，与景墙及屏风共同形成了入口的仪式感及尊贵性。

售楼处立面图

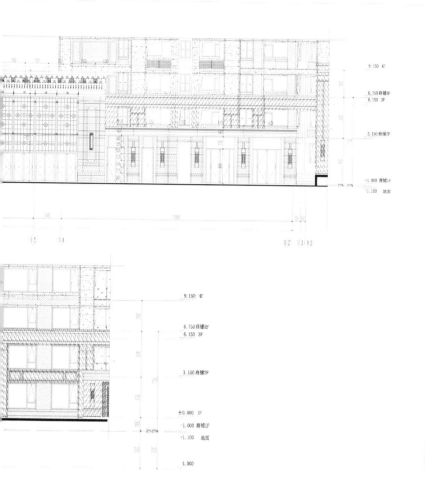

1 深咖色铝板

2 深咖色石材

3 白砂岩石材

材料应用 说明 ‖ 建筑主体墙体以浅色花岗岩为基调，以深咖色铝板和同色系石材精工装饰屋顶及飘檐部分，大气典雅的颜色搭配，给人舒适的视觉体验。

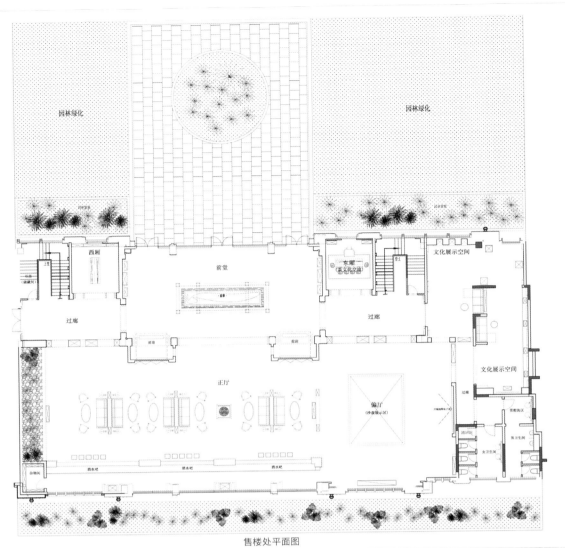

售楼处平面图

材料应用说明 ‖ 铜丝塑造"山"，底部以黑色大理石作为浅水池底，结合木饰面廊柱，仿佛把室外的山水亭台都搬进了室内，加之山水纹石材地面，整个空间营造出极为深厚的东方水墨气韵。

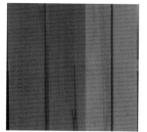   

① 木饰面　　　　　② 铜丝塑型　　　　　③ 中国黑大理石　　　　　④ 云多拉灰石材

排屋三层平面图

排屋二层平面图

排屋一层平面图

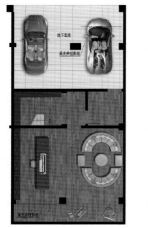

地下车库及地下夹层平面图

法式纯墅　韵传东方

北京保利首开·天誉

开发商：保利（北京）房地产开发有限公司｜项目地址：北京市朝阳区东五环七棵树路口向东 280 米
用地面积：28 800 平方米 ｜ 建筑面积：26 219 平方米｜容积率 0.91｜绿化率：30%
建筑设计：HZS 匯张思
主要材料：陶土瓦、德国莱姆石、双层玻璃、灰黑色涂料、铁艺、壁纸、大理石、木材等

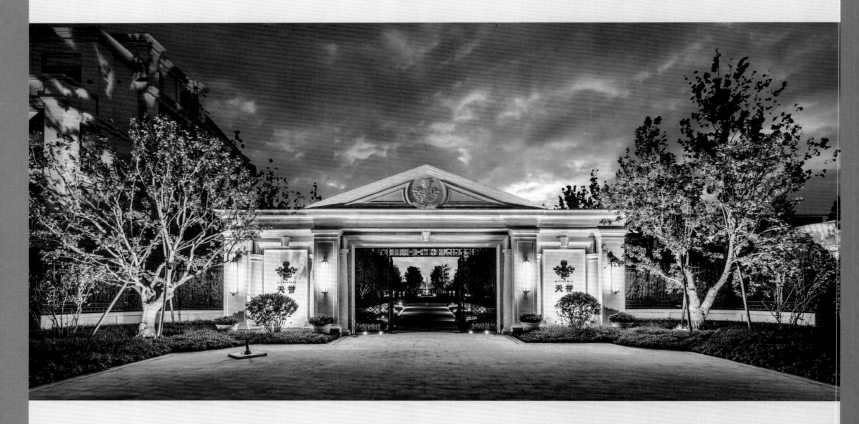

保利首开·天誉项目由首开地产和保利地产两大品牌开发商联合开发，两大品牌始终坚持"为城市高端客户打造城市高端居住区"的城市理想，匠心打造纯墅社区。

项目位于北京市朝阳区东坝组团，区位得天独厚，未来不可限量。作为东坝唯一的法式纯墅社区，项目结合现代建筑功能与材料特征，进行当代演绎，细节之处打造纯正法式建筑。建筑师力求在有限的土地上打造出独栋化社区，且每座建筑均沿袭法式建筑的精髓——严格左右对称，凸显出产品的稀缺与尊贵。

同时，项目耗资逾千万打造了 7000 平方米的法式园林，长达 200 米的对称轴线景观与巨大的对称刺绣花坛成为园林景观中的亮点，营造出了舒适的居住环境。

保利®地产 ｜ 天字系

区位分析

项目地处朝阳区东坝区域，北临东坝国际商贸圈，西临大望京商务区，东邻金盏金融后台服务区；位居CBD商圈、朝青商圈、望京商圈、燕莎商圈和机场临空经济带核心地带，立体交通环绕，15分钟直达机场，20分钟直达CBD，五条地铁规划线路将快速连接市区，通达便捷，周边休闲生活配套齐全。

布局规划

项目规划布局采用集约高效、分区明确的原则，根据用地情况，合理布局各区，使之联系紧密又分区明确，减少相互干扰。高层住宅位于用地的西南侧，三面均可享受良好的绿化景观，视线一览无余；幼儿园布置在东南侧，日照充足，没有遮挡，且南侧道路没有渠化，有利于减少交通拥堵。别墅部分以联排产品为主，北侧及东侧辅以少量叠拼，自成一区，十分幽静。

建筑设计

项目采用经典法式建筑设计风格，以古典的三段式构图设计、经典的建筑尺度比例、对称均衡的设计手法打造全新大气的简约法式立面，再加上富有法式特色的廊柱、雕花、线脚、阳台等新法式考究细节，赋予了建筑高贵典雅的气质，精细化的立面设计使建筑更有品质感。

在空间、格局的塑造上，项目遵循建筑空间守恒定律，铸就6.9米大面宽及短进深的优越建筑比例，复刻法式建筑挑檐与立面结合的黄金法则，不仅提高了室内空间的舒适度，也反映出建筑高端大气的新法式特征，北侧大露台的设计，为业主供了更多室内外互动空间。

景观设计

项目整体园林景观风格源于法式古典宫廷及庄园景观，法式石材门廊、定制化的宫廷铁艺大门、景墙铁艺、以及装饰纹样，每一处都源于最经典法式的装饰图样，融入天誉最纯粹的纹路图样，凸显出法式宫廷气势。颇为难得的是，项目耗资逾千万打造了7000平方米的法式宫廷园林。在偌大的法式宫廷园林中，天誉融入中国审美思考，独有的中国古法刺绣花坛、200米景观轴线以对称方式铺陈，呈现中西文化交融的当代园林艺术。

样板房设计

样板房设计采用"混搭风"，设计师巧妙地把各种元素完美地穿梭在一起，互相影响，互相烘托主题。

首层以天然材料、质感色彩和利落的线条来塑造，简约中有艺术品位、结构中深藏形式美。带有工业复古气息的陈设，表达了主人对于家居世界中不同价值观的探索。

男孩房以月球漫步为题，充满无限想象，设计不拘于一格，充分还原孩子的童趣。女孩房则以海棠红装点，寄寓"温和、美丽、快乐"地成长。老人房静卧茶案一座，一点天然、一点复古、一点简约，皆成气氛。主卧空间通过干练的空间线条、高级的材质、艺术化的装饰来表达奢华品位，当阳光透过全景窗门洒进室内，便与工业复古造型的床、立柜、沙发、共同谱写了一派精神上的解放。主卧衣帽间利用充裕的层高改构为步入式，并采用电影《了不起的盖茨比》中对有闲阶级的生活诠释，设计为叠层式，尽显轻奢感。

地下空间打破固有的空间结构模式，去除繁重、冗余的框体，无间处理多个采光井，让阳光和空气自然流动，营造出通透、宏大的会客大厅，突显空间感。设计师以工业美学与古典美学来诠释这一空间，裸露的红砖装饰墙体、现代的灰色水泥墙体、被抛光钢材包裹住的梁体，变成了一道走向未来科技的天桥，并引入电影题材《钢铁侠》中MARK II原型机立于其中，过往与未来在这里碰撞，形成一种独特的气场。对分弧形的沙发摆设与天花相呼应，使空间更加开敞便利，亦不失精致温馨。书房井井有序，舒适而恬静，另一空间的德州扑克房设计则为生活增添了一丝趣味。

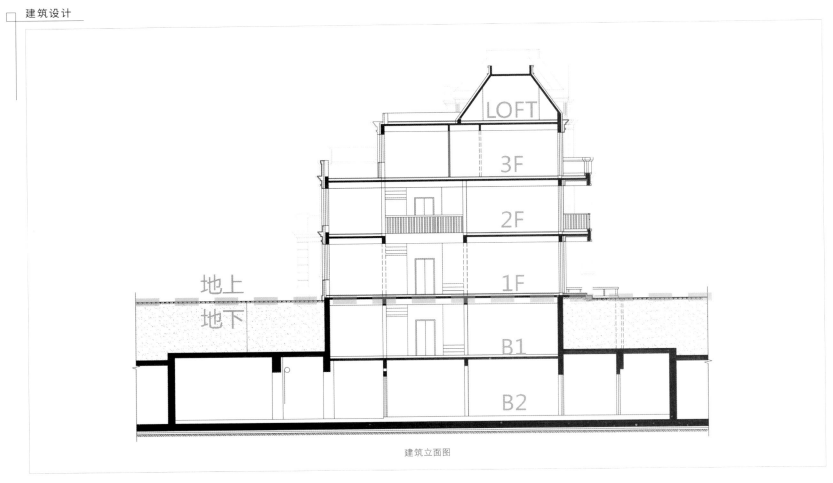

建筑立面图

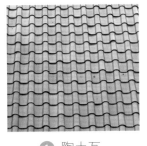

① 陶土瓦

② 米白洞石

③ 双层玻璃

④ 铁艺大门

材料应用说明 ‖ 天誉采用浅米色德国进口莱姆石勾勒出法式建筑外形，同时利用面砖、涂料及金属、玻璃等材质的对比，体现建筑的有机性和丰富性。

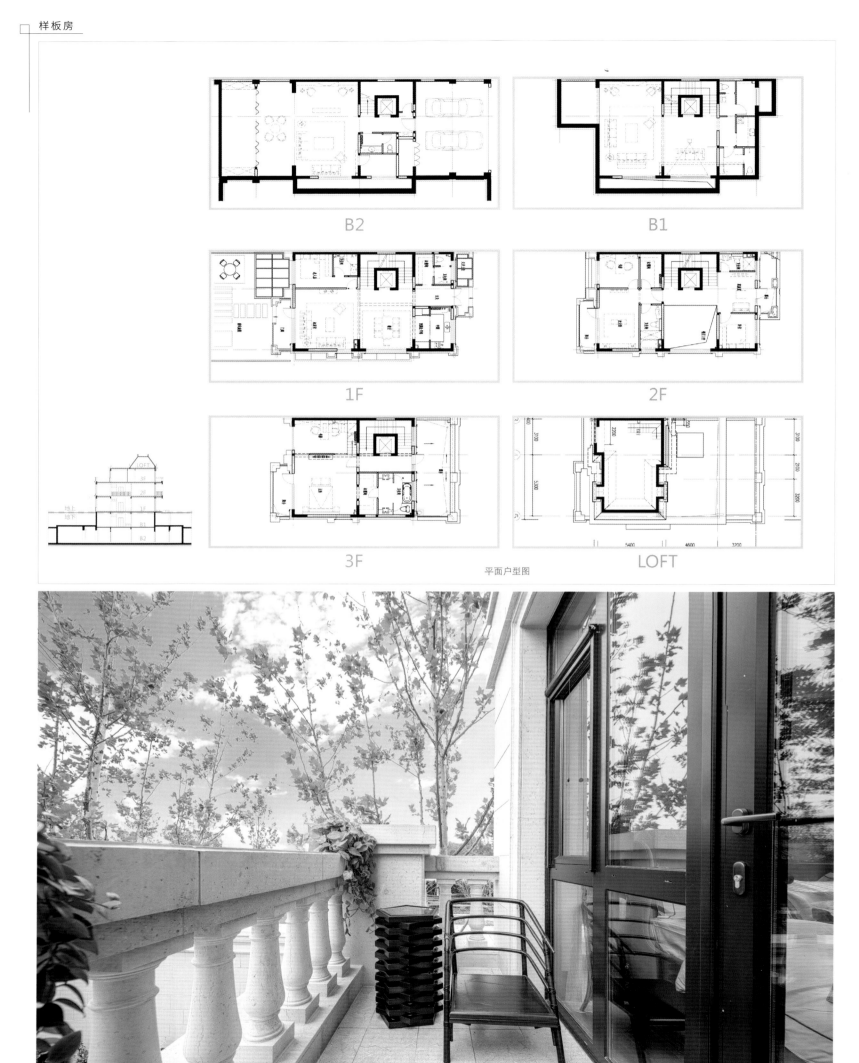

B2

B1

1F

2F

3F

LOFT

平面户型图

材料应用说明 质朴温厚的木材地板与坚实强硬的大理石墙面，一暖一冷，一柔一刚，搭配得恰到好处，营造了一个温馨又不失气度的空间。小清新风格的花纹壁纸更为整个空间增添了亲切感。

1 花纹壁纸

2 条纹白玉大理石

3 复合地板

图书在版编目（CIP）数据

千亿密档．上，顶级楼盘示范区研发、设计、选材解密档案 / 广州市唐艺文化传播有限公司编著． -- 北京：中国林业出版社，2018.6
ISBN 978-7-5038-9652-1

Ⅰ．①千… Ⅱ．①广… Ⅲ．①住宅－建筑设计－中国－现代－图集 Ⅳ．① TU206

中国版本图书馆 CIP 数据核字 (2018) 第 152691 号

千亿密档——顶级楼盘示范区研发、设计、选材解密档案 **上**

编　　著：广州市唐艺文化传播有限公司
策划编辑：高雪梅
文字编辑：高雪梅　钟映虹
装帧设计：刘小川　陶　君

中国林业出版社·建筑分社
责任编辑：纪　亮　王思源

出版发行：中国林业出版社
出版社地址：北京西城区德内大街刘海胡同7号，邮编：100009
出版社网址：http://lycb.forestry.gov.cn/
经　　销：全国新华书店
印　　刷：恒美印务 (广州) 有限公司
开　　本：1016mm×1320mm 1/16
印　　张：25.5
版　　次：2018年8月第1版
印　　次：2018年8月第1版
标准书号：ISBN 978-7-5038-9652-1
定　　价：398元

图书如有印装质量问题，可随时向印刷厂调换（电话：020-84981812）

本书中以下项目已被金盘内参收录为档案资料

建筑内参

沈阳金地旭辉·九韵风华

开发商：沈阳金地顺成房地产开发有限公司

内含 114P 建筑核心资料

昆山北大资源·九锦颐和

开发商：北大资源
建筑设计：上海天华建筑设计有限公司
景观设计：山水比德集团

内含 91P 建筑核心资料

广州天河·金茂府

开发商：中国金茂
建筑设计：HZS 滙张思

内含 32P 建筑核心资料

北京绿地·海珀云翡

开发商：北京绿地京翰房地产开发有限公司
建筑设计：上海柏涛建筑设计咨询有限公司

内含 121P 建筑核心资料

苏州建发·独墅湾

开发商：建发集团
建筑设计：上海齐越建筑设计有限公司
景观设计：山水比德集团

内含 21P 建筑核心资料

重庆融创·滨江壹号

开发商：融创中国重庆公司
建筑设计：上海齐越建筑设计有限公司
景观设计：山水比德集团

内含 67P 建筑核心资料

苏州北辰旭辉·壹号院

开发商：苏州北辰旭昭置业有限公司、旭辉集团
建筑设计：上海天华建筑设计
景观设计：山水比德集团

内含 46P 建筑核心资料

北京万科·翡翠长安

开发商：北京万科、中国铁建
建筑设计：吉毕碧恩建筑设计咨询（北京）有限公司
景观方案设计：普利斯设计咨询（上海）有限公司

内含 46P 建筑核心资料

蓝光无锡·雍锦里

开发商：无锡蓝光置地有限公司
景观设计：HZS 滙张思

内含 170P 建筑核心资料

杭州保利融信·大国璟

开发商：保利地产浙江公司
建筑设计：上海霍普建筑设计事务所股份有限公司
景观设计：GVL 怡境国际设计集团

内含 41P 建筑核心资料

景观内参

苏州北辰旭辉·壹号院

开发商：苏州北辰旭昭置业有限公司、旭辉集团
建筑设计：上海天华建筑设计
景观设计：山水比德集团

内含 114P 景观核心资料

武汉旭辉·钰龙半岛

开发商：旭辉地产集团
建筑设计：笛东规划设计（北京）股份有限公司

内含 53P 景观核心资料

蓝光无锡·雍锦里

开发商：无锡蓝光置地有限公司
景观设计：HZS 滙张思

内含 155P 景观核心资料

北京万科·翡翠长安

开发商：北京万科、中国铁建
建筑设计：吉毕碧恩建筑设计咨询（北京）有限公司
景观方案设计：普利斯设计咨询（上海）有限公司

内含 88P 景观核心资料

长沙龙湖·璟宸原著

开发商：龙湖地产
建筑设计：上海日清建筑设计有限公司
景观设计：上海易境景观规划设计有限公司

内含 26P 景观核心资料

杭州保利融信·大国璟

开发商：保利地产浙江公司
建筑设计：上海霍普建筑设计事务所股份有限公司
景观设计：GVL 怡境国际设计集团

内含 107P 景观核心资料

昆山北大资源·九锦颐和

开发商：北大资源
建筑设计：上海天华建筑设计有限公司
景观设计：山水比德集团

内含 65P 景观核心资料

合肥旭辉·陶冲湖别院

开发商：旭辉地产合肥事业部
　　　　合肥嘉汇置业有限公司

内含 188P 景观核心资料

上海龙湖·天璞

开发商：龙湖集团
景观设计：上海水石规划建筑有限公司

内含 38P 景观核心资料

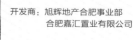

杭州龙湖·天璞

开发商：旭辉地产集团
建筑设计：笛东规划设计（北京）股份有限公司

内含 38P 景观核心资料

本书中以下项目已被金盘内参收录为档案资料

地产内参

沈阳金地旭辉·九韵风华
开发商：沈阳金地顺成房地产开发有限公司

内含 114P 地产核心资料

北京万科·翡翠长安
开发商：北京万科、中国铁建
建筑设计：吉毕碧恩建筑设计咨询（北京）有限公司
景观方案设计：普利斯设计咨询（上海）有限公司
内含 46P 地产核心资料

北京绿地·海珀云翡
开发商：北京绿地京翰房地产开发有限公司
建筑设计：上海柏涛建筑设计咨询有限公司

内含 121P 地产核心资料

苏州北辰旭辉·壹号院
开发商：苏州北辰旭昭置业有限公司、旭辉集团
建筑设计：上海天华建筑设计
景观设计：山水比德集团
内含 46P 地产核心资料

昆山北大资源·九锦颐和
开发商：北大资源
建筑设计：上海天华建筑设计有限公司
景观设计：山水比德集团
内含 91P 地产核心资料

蓝光无锡·雍锦里
开发商：无锡蓝光置地有限公司
景观设计：HZS 汇张思

内含 170P 地产核心资料

重庆融创·滨江壹号
开发商：融创中国重庆公司
建筑设计：上海齐越建筑设计有限公司
景观设计：山水比德集团
内含 67P 地产核心资料

杭州保利融信·大国璟
开发商：保利地产浙江公司
建筑设计：上海霍普建筑设计事务所股份有限公司
景观设计：GVL 怡境国际设计集团
内含 41P 地产核心资料

室内内参

广州天河·金茂府
开发商：中国金茂
建筑设计：HZS 滙张思

内含 30P 室内核心资料

苏州建发·独墅湾
开发商：建发集团
建筑设计：上海齐越建筑设计有限公司
景观设计：山水比德集团
内含 41P 室内核心资料

昆山北大资源·九锦颐和
开发商：北大资源
建筑设计：上海天华建筑设计有限公司
景观设计：山水比德集团
内含 20P 室内核心资料

杭州龙湖·天璞
开发商：旭辉地产集团
建筑设计：笛东规划设计（北京）股份有限公司

内含 27P 室内核心资料

武汉旭辉·钰龙半岛
开发商：旭辉地产集团
建筑设计：笛东规划设计（北京）股份有限公司

内含 39P 室内核心资料

杭州保利融信·大国璟
开发商：保利地产浙江公司
建筑设计：上海霍普建筑设计事务所股份有限公司
景观设计：GVL 怡境国际设计集团
内含 50P 室内核心资料